·名家·
文化讲堂
MINGJIAWENHUA JIANGTANG

# 立身之本

## 知耻才能做人

来新夏 / 著

行己有耻。

——《论语·子路》

天津出版传媒集团
天津教育出版社
TIANJIN EDUCATION PRESS

# 序说

中华民族历史悠久，先民们曾为我们创造了在世界上有其重要地位的历史遗产，使中国成为一个有丰富传统文化的国家。传统文化从某种意义上说，既是包袱，又是财富。甩掉包袱，开发财富，无疑是海内外炎黄子孙的共识。我曾在一篇题为《论本土传统文化的选择》(《人民日报》1989年6月26日）的文章中标举出几条对传统文化的认识观念，即：

1. 不能把传统文化视作圣人贤哲的遗留，只能保存、维护而不容去选择。更不要以逝去的枷锁来束缚后来的发展，成为现代民族文化建设的包袱。

2.传统文化是历史的累积。历史悠久的民族在文化积累过程中自然会有沉渣，因此传统文化势必会泥沙俱下，良莠并存，即使其精华部分也不能说毫无瑕疵，只是随时代和社会的需求不断发生变化和发展。

3.传统文化不是凝固的死亡遗体，它既有过去源头，又有现实特色，更是未来起点，所以必有可备选择的，不可轻率地把孩子和洗澡水一齐泼掉。

4.传统文化是多层次全方位的，有物质的、制度的、风习的、思想的、上层的、民间的等等。即使儒家思想也非单一而是杂陈的，儒学大师荀况在其《法行》篇中就曾记述过一位学者的质询说：“夫子之门，何其杂也？”

5. 传统文化中有不少与现代社会间有矛盾冲突，如平等与等级、开放与封闭、改革与保守、横向吸收与垂直承受等。要明辨矛盾，择善而从，并且善于认识和反思传统。

基于这些认识，我们在选择本土传统文化时才不致困惑而拘牵手足。也正由于有这些认识，我才敢于去触动传统文化中作为行为准则的“耻”这个观念。

“耻”一直是传统文化中传之久远、受人重视，并以之作为行为准则之一的。早在春秋时，齐国大政治家管仲就提出“礼义廉耻，国之四维”的治国要领。他把“耻”作为治国的四大精神支柱之一。如果“四维不张，国乃灭亡”，这又是何等警策的危言！孔子曾标举“行己有耻”“有耻且格”等等作为教导学生修身的标准。《中庸》中的“知耻近乎勇”则把“耻”提到一个较难达到的境界。因为必须有勇气才能知耻。孟子说“人不可以无耻”“耻之于人大矣”，并且把它作为一切悖礼犯法行为的根源。在一些古籍中常见到一些文句，以“耻”来反思自己言行的不足与相悖。如《左传》中说“耻不能据郑也”，《礼记》中说“耻名之浮子行也”“耻有其容而无其辞”“耻有其德而无其辞”和“耻有其辞而无其德”等等都在检讨立身行事的缺憾。历代都继承着重耻的传统，把明耻视作知人论世的准则，而无耻则是使人无地自容的唾骂之辞。大之于治国平天下，小之于修身齐家，“耻”几乎已是衡量是非、忠奸、曲直的一个标尺，也是鼓舞人们挺身而立的力量。明清之际的著名学者顾炎武一生就以“博学以文”与“行己有耻”作为自己学与行的两大主旨。他在与友人书中反复详尽地阐述了知耻与明耻的道理。

在传统文化中“耻”的包容甚广。清俭、正直、死难、谦退、忠节、强谏、义烈、悔过、让功、拒贿……都属于明耻；奢侈、邪佞、专恣、妒贤、徇私、贪污、耽溺、残酷、狎昵、辱命……都斥为无耻。这些概念的内涵至今尚有其足资借鉴之处。当然，古人对“耻”的标准还有值得商榷的地方，如涉及封建伦常以“失节事大”作为千百年桎梏妇女的刑具，则是不足取的内涵。伯夷、叔齐的言行虽有维护君臣礼制的不足，但他们舍利取义，抨击以暴易暴，并能以身殉自己的理想这一点却对贪图富贵、趋炎附势有矫正世情之效，这也正是他们兄弟采薇首阳的故事能长期流传并获得后人赞颂的原因所在。

从两千多年的传统文化中，选择有关“耻”的人物典型纳于十余万文字之中，确实颇费周章：既要照顾到各个不同朝代，又要考虑到选择明耻、无耻人物的平衡；既要注意所选人物在人们心目中略有印象，也要发掘若干新人新事。归根结蒂还要检阅一下是否有可征信、可依据的资料。经过研究筛选，终于确定了四十五人。明耻者二十三人，立为正篇，既有传颂人口的坚贞不屈的汉苏武、昏夜拒金的汉杨震、知耻自新的晋周处、闻鸡起舞的晋祖逖以及明代的少年英雄夏完淳等；也有鲜为人知的忠义智勇的唐段秀实、碧海丹心的宋郑思肖、大义斥奸的明杨继盛和清的烧车御史谢邦定与抗日英雄柯铁等。无耻者二十二人，贬入附篇，既有遗臭万年的指鹿为马的秦赵高、残暴肆虐的隋炀帝、残害忠良的宋秦桧和清的卖国太后慈禧等，也有吮痈无耻的汉邓通、奢靡挥霍的晋石崇、口蜜腹剑的唐李林甫和权诈作伪的清是镜等。

当然，这戋戋之数远远不能概括完备，只是努力撷取，用可读的文字，提供给人们一面可资借鉴的"人镜"，以证明传统文化中确有不少可备选择的东西，而不要把传统文化一概视如敝屣！

# 正　篇

# 舍利取义的伯夷、叔齐

若伯夷者，穷天地，亘万世而顾者，昭乎日月，不足为明，崒(zú 足)乎泰山，不足为高，巍乎天地，不足为容也。

这是唐代文豪韩愈所写《伯夷颂》的一段。它热情地讴歌了商朝末年伯夷明耻守节的高尚情操。伯夷、叔齐是什么人？他们为什么受到后人如此崇敬和赞扬呢？

伯夷、叔齐是亲兄弟，复姓墨台。伯夷名允，字公信；叔齐名致，字公达。伯、叔是排行，即长与三之意。夷、齐是他们死后，人们根据他们的行事和为人所起的尊号。他们的父亲名初，字子朝，是商朝孤竹国(今河北卢龙县南)的国君，生前立小儿子叔齐做了太子，他死后，叔齐认为自己不该继承王位，这是父亲的偏爱，于是执意要把王位让给大哥伯夷。伯夷也很贤达，坚决不肯接受，说这是父亲的遗命，不能违背。兄弟俩你辞我让，谁也不肯即位，他们把争夺权位看作是一种耻辱，宁愿舍利，也要取义。最后，双双离家出走。国人无奈，只得让叔齐的次兄当了国君。

当时，正是商纣王统治时期，纣王是历史上有名的暴君。他才力非凡，据说能够空手与猛兽格斗，狡诈足可以拒绝劝谏，并能用言辞掩饰自己的错误，还不断发动对周围部族的战争，耗费了大量的人力物力；同时贪饕(tāo)无厌，向人民横加摊派；又好酒淫乐，嬖(bì)爱妇人，过着极端奢侈腐朽的生活，使人民不堪忍受。为了镇压人民的反抗，维持其摇摇欲坠的统治，他创造了许多的酷刑，如炮烙、灭族、剖腹等等。在这种情况下，社会各种矛盾都达到了空前尖锐的程度。

这时，活动在西北的周族，在西伯即周文王的领导下，谨守祖业，内修仁政，敬老爱幼，礼贤下士，立志灭商。伯夷、叔齐听说后前去投奔。当他们到达那里时，周文王刚好死去，文王之子姬发做了周的国君，即历史上的周武王。他遵照父亲的遗训，兢兢业业，积蓄力量。经过一段时期的准备，便开始了灭商的战争。伯夷、叔齐认为：武王所讨灭的虽是施行暴政的商纣王，但这是一种不合乎君臣体制的行为，而且文王的丧葬尚未完成，不应出兵。所以，当武王载着文王的木主(牌位)大举伐商时，伯夷、叔齐兄弟便拉住武王所坐战车的马头，激动地谏诤武王说："父亲去世不进行安葬，反而发动战争，这样做能叫孝吗？以臣子的地位征伐君主，这能算仁吗？"武王左右的卫士想要杀死他们，姜太公说："他们是仁人义士，把他们搀走吧！"武王在牧野

(今河南淇县西南)之战中，大败商军，纣王见大势已去，就自焚而死，周遂统一了天下。

伯夷、叔齐认为，这是一个没有忠、孝、仁、义的社会，一个违反伦常的世界，他们哥俩耻于活在这个世上。于是，就跑到了首阳山（今山西永济市南）隐居起来，决心不吃周朝的食物，几天之后便病倒了。临终前，他们留下了一首非常悲哀的诗篇：

登彼西山兮，采其薇矣。以暴易暴兮，不听知其非矣！神农、虞、夏忽焉没兮，我安适归矣？于嗟徂兮，命之衰矣！

意思是：我们登上北方的首阳山，去食野菜度日。周使用暴力去取代殷这个残暴政权，而却不自知所作所为是不对的！圣人神农、虞舜和理想的夏王朝，为什么一瞬间就消逝了呢？哪里是我适当的归处？唉，不如死了吧！因为命运已经衰薄了。最后，兄弟二人终于饿死在首阳山中。

他们这种迂腐的做法，固不可取；但是，他们耻于争权，恪尽自己操守的精神却如江河行地，似日月经天，千百年来，始终作为洁身守道的榜样，鼓舞着炎黄子孙舍利取义、喋血明志。

## 功成身退的介子推

自古以来，华夏儿女不慕高官厚禄、视富贵如浮云者，不乏其人。他们像一颗颗璀璨的宝玉，镶嵌在中华民族历史的画卷上，永远闪烁着耀眼的光辉，介子推就是其中之一。

介子推或称介之推，是春秋时期晋国的大臣。公元前656年，晋献公的宠妾骊姬，为了让自己的儿子奚齐继承王位，害死了太子申生，她又怕其他公子不服，于是，千方百计陷害他们。第二年，公子重耳不得不带着一批谋臣武将逃离了祖国，流亡他邦，介子推也在其中，而且是重耳的重要谋臣之一。他跟随着重耳辗转在狄、卫、齐、曹、宋、郑、楚等国之间，最后，到达了秦国。这期间，他们有过风餐露宿的时候，挨过断炊绝粮的痛苦，也遭受过冷遇和羞辱。总之，颠沛流离的生活，使他们饱尝了艰难困苦；但是，他们君臣始终同甘苦，共患难，齐心协力，期望着有朝一日重返家园。

公元前636年的春天，在秦国的帮助下，重耳一行经过了十九年的流亡之后，终于可以回国了。就在他们向晋国进发、横渡黄河的时候,有一个名叫狐偃的谋士,将祭祀用的璧玉(象征国家政权)还给重耳说:“我跟随你几乎走遍天下,肯定有许多的过失,为了回国后免遭你的杀戮,我请求你让我从这里走开。”重耳马上明白,这是狐偃怕回国后得不到重用和封赏,于是面对黄河发誓说:“我回国即位,若不与你共同治理国政,就不能渡过黄河,让河伯做见证人吧!”说罢,把狐偃递过来的璧玉抛入滚滚的河中。介子推恰好站在船上,把这一切都耳闻目睹了,暗自笑道:“是苍天保佑重耳,让他得以回国即位,但是狐偃以为是自己的功劳,实在可耻,我怎能与这种人为伍呢!”他鄙夷这种邀功请赏的做法,憎恨贪图富贵的人,便决定激流勇退。于是就暗自渡过黄河,不辞而别了。

重耳返国后,做了国君,即晋文公,然后论功封赏了随从他流亡的人员,“大者封邑,小者尊爵”。未及赏遍,周王室发生了内乱,周襄王被他的弟弟太叔带赶跑了。襄王逃到郑国后向晋求援,晋文公忙着处理这件事,就把封赏介子推的事给忘了。

介子推听说晋文公论功行赏,就对他的老母亲说:“晋献公一共有九个儿子,现在只有重耳一人在世,这说明上天不绝晋祀。可是狐偃等人认为,是他们使重耳做了国君,这不是胡说八道吗?窃人之财,尚称之为盗,更何况贪天之功窃为己力呢?下面的人冒功邀赏,上面的人对欺世盗名者还加以赏赐,上下互相欺蒙,我实在难和他们相处。”他母亲说:“你奔波效劳了十九年，劳苦不小，何不也去求赏？”介子推说：“明知错误而去效法，错误就更大了。我既然责怪了他们，就不能再要国君的俸禄了。”他母亲又说：“那我们也应该让文公知道一下。”介子推说：“我打算隐居起来，哪里还用得着这些？如果我们前去表白，就是想追求显露。”他母亲说：“你能做清廉之士，我岂不能做廉士之母？我们就一起隐于深山之中吧！”于是，他们母子二人就进入了绵上（今山西介休市东南）山中，过起隐居的生活。

介子推的随从怜惜他的遭遇，并对晋文公忘记封赏介子推一事大为不满。为了让晋文公知道此事，他们就写了一封信，挂在晋文公的宫门前。文公发现后，打开一看，上面写道：“龙想上天的时候，曾有五条蛇帮助他；现在龙上天了，四条蛇有了归宿，唯独一蛇尚无栖身之处。”文公看罢，猛然醒悟道：“这是替介子推鸣不平，当初封赏的时候，我只顾忙于周王室的政争，忘记对他论功行赏了。”于是，马上派人召介子推入宫，可是使者到处访查不着。最后，才知道介子推已与老母亲到山里隐居去了，便如实汇报文公。文公听罢，感到内疚，又传下旨意，希望介子推出山佐政，但是介子推坚决不肯再出来做官。文公无奈，只得将绵山周围的土地封给介子推，作为他的封田，并改绵山为介山，说这是为了反责自己的疏忽，也为了表扬贤人。介子推在这种隐居生活中度过了晚年。他那不慕权贵、功成身退的节操，不时地被后人赞叹。

此外，还有一些具有传奇色彩的传说。如说晋文公亲往绵山，访求介子推，数日，竟得不到介子推的踪迹。于是，决定举火焚林，逼介子推出山。大火着了三天，方才熄灭，介子推宁死不出，最后被烧死在枯柳之下。因此，在许多剧种中，有《烧绵山》的剧目，以寄托对介子推的哀思和替他遭受不公正待遇而鸣不平。文公抚木哀悼，命人伐掉此树，制成木屐(jī)。以后，每当思念起介子推的功劳时，就凝视着这双木鞋，说:“足下，太对不起你了！”从此，“足下”一词就成了对人的尊称。

据说，寒食节也与介子推有关。介子推死后，晋文公下令禁止在介子推死日生火煮食，只吃凉食。当然，这些传说，虽无充足文献根据，但足以见介子推的高风亮节为后人所崇敬。

# 仁智节俭的晏婴

孔子曾说："晏子谦逊有礼，机智奋勉，我愿以兄长事之。"司马迁写完晏婴传记之后也曾说："假如宴子现在还活着，我愿意为他执鞭驾车。"晏子为什么竟使这两位伟人如此折服呢？

晏子名婴，字平仲，莱州夷维（今山东高密）人，是春秋后期齐国有名的贤相，历事齐灵公、齐庄公、齐景公三朝，可谓是"三朝元老"，德高望重。

当时的齐国，国势衰微，隐患重重，正处于风雨飘摇之中，外有强国的征伐，内有权臣的专政，同时，一股新兴势力正悄然滋长，觊觎（jì yú）着君位。晏子十分清楚这种景况，他要以自己的才智，力挽狂澜，安邦定国。所以，演出了一场场光辉灿烂的动人史剧。

晏子是一位出色的政治家，深知民心向背的重要性。为了和新兴势力田氏争取民众的支持，他在数十年的政治生涯中，始终关心着人民的疾苦，时时规劝齐王施惠于民。有一次，晏子陪齐景公出游，路上遇见一个八十五岁的老人，景公请老人为他祝寿。老人祝福了景公和景公的后代，景公要他再祝福一次，老人不高兴了，说道："希望君王您不要得罪小民。"景公听罢，高傲地说："从古至今，我只听说老百姓怕得罪国君，哪有国君怕得罪老百姓之说呢？"这时，晏子在旁边马上说道："景公，您错了！您得罪了老百姓，是没有人能制裁您，但您想想，夏朝的桀王和商朝的纣王这两个暴君，是不是被老百姓推翻的？"景公觉得有道理，于是向老人赔礼说："是我的不是。"并赐给老人一块土地。

有一年，阴雨绵绵，一连下了十七天，齐都附近老百姓的房子很多都倒塌了，许多人无家可归，饥寒交迫。晏子三次请求齐景公给老百姓发放粮食，景公就是不同意，并且日夜饮酒作乐。晏子无奈，只得把自家的器具、粮食分给灾民，然后去见齐景公说："现在雨水成灾，老百姓无法再活下去了，可是您不去救济，不分昼夜地饮酒作乐，您的狗、马吃着肉、粟，而老百姓不得糟糠，所以老百姓不愿意有您这样的国君。我身为国家大臣，既不能解民苦难，又不能劝止您贪恋酒色，我的罪过太大了。"于是，请求辞职。景公尚未置可否，晏子已经走了。景公赶紧驾车去追，路上，他得知晏子把自己的东西分给了人民，既惭愧又感动。当他追上晏子时，马上下车向晏子承认错误说："这是因为我的不对，才使您辞职，您不必与我计较，还应为国家、百姓着想，请您留下来吧，我愿意赈济灾民。"这样，晏子才返回朝中。随后，景公派出官吏，了解灾难，根据实际情况，发放了救灾物资。

为了惠民，晏子不失时机、巧妙地向齐景公提出薄敛省刑的意见。有一天，景公与晏子登高远眺（tiào），看到壮丽的河山，景公感慨地说："能使我的后代世世拥有这个江山该多好啊！"晏子乘机谏道："只有勤于政务、处处利民的国君，百姓才会拥戴，子孙才能永保江山。您应该减免赋税和徭役，把一部分牛马、车舆、裘衣、酒肉、粮食分给穷苦的人民，您的政权才能稳固。"在晏子的谏诤下，景公果然减免了一部分地区的赋税和徭役。

还有一天，景公的一匹爱马忽然死了，景公下令要把养马人肢解处死。卫士持刀上前，正要行刑，晏子正好在场，马上制止，然后问景公："尧、舜肢解人的时候，从哪里先下手？"景公惊慌地说："我是第一个肢解人的君王。"猛然觉得不对，但又不肯改口，就说："先把养马人关进牢狱。"晏子说："您这样处罚他，他还不知道犯了什么罪。现在我来说说他的罪过。"景公说："可以。"晏子向养马人说道："因为你没有把马养好，结果使得国君因为死了一匹马而去杀人，这件事让老百姓知道了，一定会说国君滥杀无辜，草菅人命；叫其他国家的君王知道了，一定看不起我们齐国。你非但把国君的马养死了，而且败坏了国君的声望，这还不是死罪吗？"景公明知晏子是在责备自己，就故意打了一个咳声说:“先生,您放了他吧!不要把我弄得太难堪了!”

景公要给晏子造一所新宅,晏子不肯,并且对景公说:“我住在市场附近,每天到市场买东西很方便。”景公笑着问道:“您亲自去市场购货,那么,您知道什么东西贵,什么东西贱吗?”晏子说:“当然知道了,现在假脚上用的鞋子很贵,普通鞋子很贱。”因为当时景公滥施刑罚,动辄刖(yuè)人之足,所以市场上有专门卖假脚及假脚所用的鞋子。这就是“踊(yǒng)贵屦(jù)贱”的典故,用来形容统治者对人民极其残暴,刑罚重而滥,使断一足的人增多。景公听晏子这么一说,表情窘然,从此不再任意施用酷刑了。

不仅如此,晏子还非常廉洁俭朴,自己长期过着朴素的生活。一天,景公把平阴(今山东平阴县东北)、堂邑(今山东聊城市西北)两地赐给晏子,这两个地方很富庶,晏子说什么也不接受。景公问道:“难道您就不想富贵吗?”晏子回答道:“我认为身为国家重臣,应该先为其国,后为其家。”景公又问:“那么,我用什么赏赐给您呢?”晏子说:“您下令减轻赋税,宽省刑罚,就是对我最好的赏赐。”

还有一天,景公正在饮酒,有一个名叫田桓子的大臣在旁陪侍,看见晏子身穿布衣,外披低级的鹿皮大衣,驾着敝车,驭着驽马,显得很贫穷,不符合晏子的身份,就对景公说:“晏子这样打扮而行,是为了污辱您,请罚晏子酒。”景公让晏子坐下,准备罚他。晏子问明原因后，对景公说："我听说作为大臣，不顾国家民族的利益，中饱私囊，不能胜任其职，应该惩罚。我身为国相，若使百姓颠沛流离，国防不固，这是我的罪过。我驾驽马敝车有什么罪过呢？"景公听罢，赞赏不已。

更为可贵的是，有一次景公曾表示愿将一个年轻貌美的女儿嫁给晏子，晏子谢绝说："我和老妻生活很久了，感情也很好，她曾希望我不要因为她的年老丑陋而抛弃她，我答应了她的要求，因此，我不能背弃诺言，喜新厌旧。"最终也没有接受景公的恩赐。

正因为如此，晏子深受人民的爱戴，连暴虐者也不敢加害于他。公元前548年，齐庄公因为荒淫无道，被大臣崔杼(zhù)杀死。晏子为尽君臣之义，前去哀祭。有人劝崔杼杀死晏子，崔杼说："他在老百姓心中很有声望，我不杀他，可以得民心。"庄公死后，崔杼立庄公之幼弟为国君，即齐景公，从而独揽了大权。他强迫文武百官发誓服从他的命令，不说者当场杀死，已有七人因不说而丧生了。轮到晏子的时候，晏子仰天叹道："我坚决不帮助崔杼，我要帮助王室。"一时剑戟交胸，崔杼对晏子说："只要你改变刚才的话，我就与你共理齐国，否则，你马上成为刀下之鬼。"晏子毫不畏惧，厉声回道："丧失气节，贪图私利，不是我晏婴所干的事情，杀剐存留，任随你便。"崔杼迫于晏子的声誉，还是没敢杀害他。

晏子还是一位杰出的外交家，他不辱使命，应变机智，谈笑风生，挥洒自如。有一次晏子出使楚国，楚王想要耍笑晏子的身材矮小，于是在大门旁开了个小门，请晏子进去。晏子不肯走小门，说："到了狗国，才走狗门，我现在出使楚国，不应该走狗门。"楚王只好请晏子从大门进去。之后，晏子拜见楚王，楚王问道："是因为齐国再也没有别人，才派您做使节吗？"晏子回答说："仅我们国都临淄(zī)的人，举起袂袖就能蔽日，挥汗就能成雨，怎么能说没有人呢？"楚王又问："既然如此，为什么派你这样的小个子当使臣呢？"晏婴答道："齐国的使节，聪明能干者，被派到英明君王那里，愚蠢无能者，被派到昏庸君王那里。我是个最愚蠢、最无能的人，所以就被派到您这里来了。"楚王羞赧(nǎn)无言。

这次出使之后不久，晏子又要到楚国去，楚王还想与晏子再较量一下口舌，于是就设下了一个圈套，企图侮辱齐国。当楚王和晏子正在进餐的时候，两名士兵绑来一人见楚王，楚王问道："绑者何人？为什么绑他？"士兵报告说："是齐国人，因为他偷了东西。"楚王故意看着晏子说："齐国人本来就很善于偷盗吗？"晏子说道："我听说橘子生长在淮河以南，就是橘子；生长在淮北，就变成枳(zhǐ)了。它们的枝叶看起来很相似，其实味道是不同的，味道相异是因为水土不同的原故。现在人生长在齐国不偷东西，到了楚国就偷盗，不也是因为楚国的水土使人擅长偷窃吗？”楚王又一次败下阵来。

公元前500年晏子病逝了，齐国上下，失声痛哭。晏子的优秀品质和伟大精神将与日月同辉，彪炳史册。

# 卧薪尝胆的勾践

提起“卧薪尝胆”这个典故，我们不仅马上就会联想到越王勾践，而且还知道它是用来形容不忘耻辱、立志雪恨的一个成语。那么，它为什么和越王勾践有关呢？

越王勾践是春秋末年越国的国君。相传越是大禹的后代，因偏处东南，一直比较落后，传国二十余世，到了勾践的父亲允常统治的时候，国势才日渐强大，它的邻国吴国，此时由阖闾(hé lǘ)当政，也正处于昌盛时期。两国为了争霸，时常发生战争。

公元前 506 年，吴王阖闾率重兵攻入楚国的郢都，越王允常乘机发兵，偷袭了吴国，吴军大败。九年之后，阖闾乘允常新丧、儿子勾践初立之机，兴兵伐越复仇，两国战于槜(zuì)李(今浙江嘉兴市南)，结果，吴军又败，而且阖闾还受了重伤，当夜含恨死去。

阖闾的儿子夫差继承了王位，日夜操练人马，图报父仇。公元前 494 年，越王勾践不听大夫范蠡的劝告，企图先发制人，于是贸然兴师攻吴，夫差率领全国的精兵进行抵抗，双方战于夫椒(今江苏吴县西南)。这次越军遭到惨败,勾践只带着五千残军退到了会稽山上,被吴军包围起来。

面对国家将亡的危险,勾践悔恨万分,他决定承受任何耻辱,不惜一切代价和吴国讲和。于是派大夫文仲到吴国进行谈判,同意自己向吴王称臣,妻子称妾,女儿献给吴王,大夫之女献给吴国大夫,士人之女献给吴国之士,同时,将金玉、宝器也献给吴国,并年年进贡。但是,这次求和因吴国大臣伍子胥的坚决反对而流产。勾践失去了信心,想要杀掉妻子,燔烧宝器,以死相拼,被文仲劝止了。后来,他们君臣决定用美女、宝器重贿吴王宠臣伯嚭(pǐ),通过他来说服吴王。果然,吴王答应了。但和约的条件很苛刻,除了勾践自己提出的上述条件外,吴王还要求把越国国门的钥匙交给吴国,勾践作为人质扣于吴国,只有这样,越国才能保存。为了东山再起,勾践同意了这些条件。

会稽解围之后,勾践公开向越国人民承认自己的错误,说:“我不自量力,发动了这场战争,使百姓暴尸原野,这是我的罪过,我对不起你们。”并表示了再造国家的决心。然后,他“葬死者,问伤者,养生者,弔有忧,贺有喜”,以此换取人民的谅解和支持。而自己时刻不忘复仇,“苦身焦思”,躺在柴堆上睡觉,把苦胆吊在座旁,无论是坐着还是躺下,都要看一眼苦胆,饭前也要尝一口,然后自问道:“你忘记会稽的耻辱了吗?”

国内一切都安定下来之后,勾践带着妻子、范蠡等一百多人，到吴国做吴王的臣隶。在吴期间，勾践谨小慎微，忍辱侍候吴王，不仅为夫差牵马，甚至要求尝试夫差的便溺以察其病情。这样在吴国拘禁了三年，终于赢得了吴王的信任，被放回越国。

回国后，勾践采取了一系列的措施，励精图治，报仇雪恨。在政治上，他招贤任能，对前来投奔的四方之士，重礼相待。范蠡长于用兵，勾践委以兵权；文仲善于治国，就让他负责内政。在经济上，勾践努力发展生产，开辟四野，充实仓廪，轻徭薄赋。在军事上，勾践积极备战，重建了陆军和水军，训练从严从难，实行赏罚制度，“赏厚而信，罚严而必”。在外交上，暗中与楚、晋、齐结盟，组成反吴的统一战线。除此之外，勾践还躬身参加生产，“非其身之所种则不食，非其夫人之所织则不衣”，并带头节俭，“食不加肉，衣不重采”。他尤其重视取得民心，“修令宽刑，施民所欲，去民所恶”，而且安富济贫，使贫富都得到好处。几年之后，越国又强盛起来。举国上下，团结一致，同仇敌忾（kài），俟机洗雪会稽之耻。

公元前848年，吴军在艾陵(今山东莱芜市东北)又大败齐军，夫差由此更加骄盈，生活上追求享乐，不顾人民疾苦。为了称霸中原，一意穷兵黩（dú）武，谋臣伍子胥多次直谏，告诫他越是吴的心腹之患，反被认为是妖言而赐死，宠臣伯嚭受贿阿谀，却受重用，吴国政治日益黑暗。

两年之后，夫差率全国军队北上潢池(今河南封丘县西南)，与晋国争霸，国内只有“老弱与太子留守”，勾践乘虚攻入吴国，烧毁了吴都姑苏城，缴获了王舟，俘虏了吴太子。夫差因在外日久，士卒疲惫，国内又仓廪空虚，于是决定献厚礼与越讲和。勾践估计暂时还没有能力灭掉吴国，就允许了吴国的求和。

公元前478年，勾践经过慎密的准备之后，终于发动了灭吴的战争。这场战争打得相当艰苦，前后达六年之久，最后终于将夫差逼上了姑苏山。夫差仿照当年勾践故事，使大夫公孙雄“肉袒膝行而前”，乞求勾践保存吴国。勾践想要答应吴国的请求，范蠡对勾践说：“当年会稽遭祸，是上天把越赐给吴国的，吴国不要。现在上天把吴赐给越国，越可不能失去良机而不取呀！”勾践终于逼迫夫差自杀而死。这就是历史上所讲的越王勾践经过十年生聚，十年教训，凡二十余年志图恢复的结果。

勾践灭吴之后，乘晋、楚大国衰败之机，也北进中原，迫使齐、晋诸国会盟徐州，承认他的霸主地位，写下了春秋争霸战争的最后一页历史。

## 坚贞不屈的苏武

在我中华民族的历史上，有无数华夏儿女临大节而不辱，虽历经磨难，但始终坚贞不渝，受到后人的怀念和崇敬，苏武就是其中之一。

苏武字子卿，杜陵(今陕西西安市东南)人，父亲苏建，是汉初和匈奴作战的名将，封为平陵侯。苏武青年的时候做过侍卫皇帝的郎官，后做了管理皇宫马厩的头目。

那时，中国北方有一个叫匈奴的民族，经常南下骚扰，抢劫粮食、家畜，并掠夺汉民充当他们的奴隶。汉武帝执政后，随着国家的日益强盛，便开始了扫除匈奴的战争。从元光二年(公元前133年)起，烽鼓不息，前后达二十余年。这期间，双方也互派过使者寻求和好，但由于双方统治者的猜疑，使使者往往作为人质而被扣留。

武帝天汉元年(公元前100年)，刚刚当上匈奴族最高首领的且鞮(jū dī)侯单于，害怕汉军攻打他，便自称是汉天子的晚辈，并把以前扣留、不肯投降的汉朝使者主动送回。武帝为了答谢他的好意，便决定派遣一个以苏武为首的使节团，携带厚礼，护送在汉的匈奴使者回国。此次出使匈奴，苏武是以中郎将身份、手持武帝亲授的节杖前往的，随同的有副使张胜、随员常惠等一百多人。

到达匈奴后，苏武向且鞮侯单于转达了汉武帝的谢意，且鞮侯单于误认为汉朝软弱，收下礼物，马上改变了态度，对苏武等人狂妄骄横起来，苏武等人见此，便准备早早返国。就在使节团即将回国的时候，一件意外的事情发生了。

匈奴有个缑(gōu)王，曾归降过汉朝，后来，随汉军出击匈奴，兵败又降匈奴，但他仍愿归汉。另有一个叫卫律的人，是少数民族，生长在汉，曾作为使者，出使过匈奴。他的朋友、汉武帝的宠臣李延军败亡后，卫律害怕受到株连，就投降了匈奴，匈奴单于封他为丁令王，他是个效忠匈奴的人，所以，汉武帝非常恨他。缑王找到一个名叫虞常的汉人，策划杀死卫律并劫持且鞮侯单于的母亲归汉，恰巧此时苏武一行来到匈奴，虞常和张胜很熟，私下里就把此事告诉了张胜，并让张胜支援他，张胜答应了。这天，且鞮侯单于率大队人马外出狩猎，家里只剩少数护卫人员，虞常等七十多人便准备动手。不料，事情暴露，且鞮侯单于调兵与虞常等人激战。结果，缑王等人全部战死，虞常被活捉。

且鞮侯单于派卫律查办此事，张胜听说后，担心他和虞常的密谈被查出来，只好把事情详告了苏武。苏武听罢，马上意识到此事定会牵连自己，为了不失汉朝的尊严，他要自杀，张胜、常惠力劝方止。审讯中，虞常果然招出了张胜，且鞮侯单于得知后大怒，要把汉使全部杀掉，后经一位官员建议，他才改变了主意，决定迫使苏武等人投降。卫律来了，苏武当着他的面，对常惠等人说："丧失气节，辱没使命，即使活着，有什么面目回汉！"说罢，便拔刀自刎。卫律大惊，急忙抱住苏武，并派人飞驰叫来医生抢救。苏武宁死不屈的气节，使单于大为感动，下令仔细护理苏武。

苏武伤愈后，单于先是派人劝降，被苏武拒绝，接着又用死来威胁。卫律当着苏武的面，挥剑斩了虞常，然后说："张胜参与谋杀单于的近臣，也处死刑，所有愿归降单于的汉使，皆可免除罪刑。"说完，举剑朝张胜砍去，张胜吓得跪地乞降，卫律转身对苏武说："副使有罪，你应连坐。"苏武说："我根本不知道此事，又和张胜不是亲戚，怎么能讲连坐呢？"卫律被问得哑口无言，可他还想试探一下苏武，于是举剑朝苏武砍来，苏武岿然不动，视死如归。卫律见此，只好把剑收起来，转而以富贵诱惑苏武，他无耻地说："苏君，我卫律叛汉归降，加官进爵，拥众数万，牲畜遍野，多么富有。如果你归降了单于，也会像我一样的。"苏武毫不动心。他继续说："你如果听我劝告，我愿和你结为兄弟，如若不然，后悔莫及。"听到这里，苏武怒骂道："不知羞耻的东西，谁愿和你这样的民族败类结为兄弟。现在，你操着生杀的大权，究竟怎样处置我，全由你决定。不过，我最后警告你，我决不会归降你们的，如果你杀了我，匈奴离灭亡的日子也就不远了。”

卫律黔驴技穷，只得如实向单于报告，单于听后，决定折磨苏武，使他屈服。单于把苏武放在一个大窖中，断绝饮食。时值数九寒天，天降大雪，苏武躺在地窖里，用雪和着毡毛，吞咽充饥。过了几天，匈奴人发现苏武还活着，以为有神灵在保佑他，便不敢继续加害了。于是，把他流放到北海(今苏联境内贝加尔湖地区)去放牧，告诉他公羊生了小羊，他就可以回国了。同时，把他的随从人员分别关押在其他地方。那时的北海，积雪长年不化，荒无人烟，环境非常恶劣。尽管如此，苏武始终保持着民族的气节，他身着汉服、手持汉节放羊，夜晚也挟着它睡觉。年复一年，日复一日，汉节上用牦牛尾编的装饰物都已脱落了。他坚信，终有一天能回到自己的祖国。

就这样，苏武在那里度过了八九个春秋，这期间，且鞮侯单于于武帝太始元年(公元前 96 年)死了，他的儿子狐鹿姑即位单于，仍然没有忘记劝降苏武。

有一天，苏武在汉朝的好朋友李陵突然来到北海，热情款待苏武。李陵是汉朝的名将，在苏武被扣的第二年与匈奴作战中，兵败归降。他知道苏武忠贞不渝，被匈奴羁(jī)留，但自觉惭愧，一直不敢来见苏武，此次之行，已是他归降匈奴很久之后了。席间，他劝苏武说："单于听说我和你交情很好，所以让我来劝劝你。你最终也不能返汉，何必在此受苦呢？你尽忠报国，明耻守节，可武帝非常寡恩，以前你的哥哥和弟弟都因一点儿小事而被迫自杀。我来匈奴时，你的母亲已病故，妻子也改嫁了，只剩下你的两个妹妹和两个女儿、一个儿子，现在隔绝了十多年，生死不明。"苏武听到这里，泪如泉涌，心如刀割。李陵继续说："人生就如同早晨的露水，转瞬即逝，哪样不是活着，你这样做又何苦呢。我刚降匈的时候，也很痛苦，想想武帝法令无常，独断专行，动辄受咎，哪还值得为他卖命？希望你能听从我的劝告。"李陵的这番话，既有人情味又很实际，的确能够打动人心，这对苏武来说是一次多么严峻的考验呀！苏武为了民族的利益、国家的尊严，宁为玉碎，不为瓦全，他斩钉截铁地回答道："作为朋友，你既然谈这个问题，我就实话相告：我身为使臣，代表国家，无论遇到什么样的情况，都得对得起祖国。武帝待我恩重如山，我无法报效，现在有了这个机会，我就是挨刀斧，下油锅，也心甘情愿，决不投降，请你不要再劝我了。"李陵见苏武如此坚定，只好做罢。

临别的时候，李陵又一次劝苏武投降，同样遭到坚决的拒绝，李陵羞愧不堪，和苏武洒泪而别。

后元二年(公元前87年)汉武帝病死，李陵把这个消息告诉了苏武。苏武面朝南方，号啕痛哭，由于悲伤过度，口吐鲜血。以后，他按照汉朝的丧礼，早晚哭泣，以示哀祭。

几个月后，汉昭帝即位。隔了两年，狐鹿姑单于也死了，他的儿子壶衍鞮登基。又过了几年，匈奴与汉朝和好了，汉派使者寻求苏武等人的下落。壶衍鞮单于诡称苏武已死。后来，汉朝又派使者访问匈奴，常惠听说后，说服了看守他的人员，夜见汉使，把苏武的情况详述了一遍，并教汉使见单于时，说汉天子在苑囿(yòu)打猎，射得一雁，雁足上系有一信，信中说苏武依然活着，正在某一泽中。使者按照常惠的话，去诘问单于，单于惊得目瞪口呆，只好向汉使道歉，说苏武确实还活着。于是，召集苏武的随从人员，除投降和死去的以外，和苏武返回汉朝的仅剩下九人。

昭帝始元六年(公元前 81 年)的春天，苏武终于回到了阔别十九年的都城长安。艰苦的岁月染白了他的须发。

后来，他做了主管边疆各族事务的典属国官。宣帝时封为关内侯，在朝廷中给予特殊的礼遇。神爵二年(公元前 60 年)，苏武病逝，终年八十余岁。

## “强项令”董宣

东汉初年，有一个名叫董宣的官吏，为官期间，刚正清廉，不畏权贵，他勇斗湖阳公主的事迹曾广为流传，今天还被编成戏曲在舞台上演唱。

董宣字少平，陈留圉(yǔ，今河南杞县西南)人，生卒年不详。汉光武帝建武五年(公元 29 年)，被人们赞誉为“明察守正，奉公不回”的侯霸担任了大司徒这一要职。侯霸对董宣早有耳闻，所以上任不久，就聘请他为属吏。从此，董宣步入了仕途。

此时，东汉境内还没有统一安定，如西北有隗(wěi)嚣割据，西部有公孙述称雄，其他地方也时常出现叛乱的情况。而且自西汉中期以后所形成的地方豪强势力，到了东汉更进一步膨胀，他们占有大片土地，聚族而居，组织私人武装，横行乡里。在这种形势之下，董宣升任了北海(今山东境内)的地方长官。他到任不久，恰恰遇上了一桩豪强滥杀无辜的人命案。

原来有一个名叫公孙丹的人，他家是当地的望族大姓，董宣为了让他辅佐自己维持好当地的秩序，就让他做了自己的侍从官五官掾。公孙丹平时就很骄横，这时又得到了新上任长官的青睐，好不狂妄，真是不可一世了。他要重建一所住宅，动工前请了一位占卜先生，算算场地选得如何。这位占卜先生算后说，此地当有死者。公孙丹听后，害怕此卦应在自家身上，于是就让他的儿子大白天劫杀了一个过路的人，然后“置尸舍内”，以此来消除自家的灾祸。董宣听说此事，勃然大怒，即刻派人捉拿了公孙丹父子，并把他们处死了。这下子可触怒了这股豪强，于是公孙丹的宗族和党羽三十多人，居然各执兵器，气势汹汹地到董宣府前“称冤叫号”，肆意滋事。为了打击这股势力，以儆他人，董宣果敢地将他们全部拿下，并派助手水丘岑把闹事者全部杀死。

这件事很快传扬开来，负责监察北海地区的青州刺史认为董宣杀人过滥，于是上奏了朝廷，并将水丘岑下狱拷问。董宣被召到负责刑狱的廷尉处受审，并被关入狱中。他在狱中早晚讽诵诗书，毫无忧虑的神色。不久，董宣被叛死罪。当解送他去刑场时，一些官员为他准备了一顿佳肴。他厉声说道：“我董宣平时从未占过别人的便宜，更何况临死之时！”说罢，昂然登上囚车离去。当刀斧手正要行刑时，恰巧光武帝的使者赶到，宣布有诏特赦董宣的死罪，让他暂且返回狱中。董宣回狱后，刘秀派人诘问他为何多杀无辜，董宣把实情详述了一遍，并说水丘岑是执行他的命令，并没有罪，表示自己愿意受刑而赦免水丘岑。使者将此事原委汇报给了刘秀，刘秀听后，下诏免去董宣的死刑，贬他到怀县(今河南武陟县西南)做县令，并让青州刺史不要再追究水丘岑的责任了。

后来，董宣又改任江夏郡(今湖北云梦县)的太守。当时担任此郡都尉(负责军事)的官员，是刘秀宠爱的皇后阴丽华的亲戚，董宣不愿意曲意逢迎他，不久被免去了职务。但是，他那倔强正直的品格，已在朝廷内外，为人共知。

建武十九年(公元43年)，他已是年近七旬的老人了。这时，东汉政府准备安排一个人，担任首都洛阳的地方长官。选谁呢?刘秀思来想去，最后选中了董宣，这个职务确实不容易当好。因为洛阳是东汉王朝的都城，这里居住着一大批皇亲国戚、达官贵人，这些人依仗特权，目无法度，为所欲为。董宣作为该地长官，面前摆着两条道路，不是趋炎附势，就是刚正不阿，二者必居其一。他没有改变自己的性格和操守，毅然选择了后者。

有一天，光武帝刘秀的姐姐湖阳公主的一个家奴，仗着主人的势力，竟在光天化日之下，杀死了一个人，然后躲藏在公主的家中，妄图逍遥法外。这事被董宣知道后，派人日夜守候在公主门前，伺机将这个杀人犯捉拿归案。这天，董宣得到报告说，公主驾车外出，由该奴陪乘，董宣立即带人等候在他们必经的夏门亭(在洛阳城北)。当公主的马车到来时，董宣让车停下，勒住马的缰绳，用刀指着地，大声责备公主藏匿罪犯的过失，并喝叱家奴下了车，立即处死了他。湖阳公主感到大丢面子，又羞又怒，急匆匆奔进宫中，向刘秀哭诉此事。刘秀听罢，大怒，立即召见了董宣，准备把他棰(chuí)杀，董宣毫不畏惧，要求讲句话后再死。

刘秀怒气冲冲地质问道："你还想说什么？"

董宣便在朝堂上慷慨陈词说："幸亏您有大德，才使国家重新兴旺起来。现在您却纵容奴仆杀害良民，这样做，你拿什么治理天下呢？我也不要你棰杀，自己死就是了。"说罢，一头朝宫廷中的柱子上撞去，顿时，血流满面。刘秀认为他说的有道理，又见他如此刚烈，赶忙叫宫人抱住他，以免他再撞。但又得给湖阳公主一个面子，于是刘秀就让董宣给公主叩头道歉，董宣认为自己没错，不肯叩头。刘秀让人强行去按他的头，董宣双手拄地，硬挺着脖子，就是不从。这时，湖阳公主还在一旁愤愤不平地说道："你刘秀当初做老百姓时，经常藏匿一些逃犯，连杀人犯也敢收留在家里，官吏不敢到门上搜查。现在当了皇帝，难道你的威严都不能命令一个小小的县令吗？"

刘秀笑着解释说："如今当了皇帝，考虑事情就不能与做老百姓时相同了。"

就这样，刘秀让这位不屈的"强项令"起来，并赏赐了他一顿饭。董宣吃罢，将饭碗菜盘反扣桌上，主管人向刘秀报告了他的举动。刘秀问董宣为什么要这样做，董宣回答说："我吃饭不敢有剩余，就像我任职不敢不尽全力那样。”刘秀听后，很满意这位尽职尽责的洛阳令，便赐予他三十万钱，董宣却把这些钱全分给了手下的官吏。

从此以后，他执法更严，对于为非做歹的豪强恶霸，给予狠狠的打击，豪强们听到他的名字，没有不害怕的。首都的老百姓给他起了个“卧虎”的绰号，并编了首歌赞扬道：“枹(fú)鼓不鸣董少平。”意思是说，由于他认真纠察违法，秉公办事，洛阳一带政治清明，社会安定，已经没有老百姓到衙门击鼓告状了。

董宣担任洛阳县令共五年，七十四岁死于任上。刘秀派人前去吊丧，使者但见这位洛阳令身上盖着一条布被，没有隆重的丧礼，只有老妻和儿子相对而泣，家中也只有数斛(hú)大麦和一辆破车。刘秀听使者讲述后，非常伤感地说：“董宣廉洁，死乃知之。”从此，“强项令”的美称一直流传后世。

## 昏夜拒金的杨震

东汉安帝延光三年(公元124年)三月,虽已是春天,但春天的迹象一点儿也没有,天气依然很冷。

二十九日这天,淫雨霏(fēi)霏,使人郁悒(yì)。洛阳城西的一条马路上,缓行着一辆牛车,车上端坐着一位七十多岁的老人,周围是他的几个儿子和学生,他就是刚被汉安帝罢官、遣归家乡的杨震。此时,他心潮澎湃,思绪万千。当车子行进到了几阳亭的时候,他再也不肯走了,似乎久思之后做出了重大的决定,孩子们和学生都围拢过来,杨震慷慨地对他们说:“人固有一死,我后悔身居高官时,未能为国家尽除奸臣,禁绝女乱,我还有什么面目活在世上。我死之后,用杂木造棺,布单盖体,不起坟墓,不设祭祠。”说罢,将一杯鸩酒一饮而尽,顿时气绝身亡。人们听说杨震死了,无比悲伤,都说天下又少了一个好人。

杨震字伯起,弘农华阴(今陕西华阴市)人,高祖杨敞汉昭帝时为丞相,父亲杨宝是位学者。杨震少年丧父,家境贫寒,与老母相依为命,他很好学,拜经学家桓郁为师,遂明经博览,无不穷究，学者都称他是“关西的孔子”。他曾和母亲客居在湖城县(今山西芮城县南)县达二十余年，躬耕教书，维持生活。当地官吏听说他很有学问，又孝敬，就征他做官，他不肯去，渐渐地年事已高，人家都说他没有什么前途了，可他的志向更加坚定了。

五十岁那年，他才在州郡开始供职，大将军邓骘(zhì)听说他很贤德，就推举他当了秀才。此后他青云直上，直至当上了东莱郡(今山东北胶河以东、岠嵎山以北地区)的郡守。在他赴任途经昌邑县(今山东巨野南部)时，遇到了被他举荐过的秀才王密。此时，王密是昌邑县的县令。夜阑人静时，王密怀揣钱财重礼，前去馈赠杨震，杨震问道：“我了解你的为人，你怎么不知道我的性格呢？”王密说：“深夜没人知道此事。”杨震说：“天知，神知，我知，你知，怎么能说没人知道！”王密惭愧地走了。后来，杨震又做了涿郡(今河北大部地区)的郡守。

当时贪污成风，贿赂公行，但杨震始终洁身守道，并努力消除这种恶疾。他每月俸禄一百二十斛的粮食，出入乘车，可他决不允许子孙们享用，有些老朋友见杨震如此廉正，就劝他说：“你既然不让孩子们沾光，那就让他们利用你的权力开办些产业，也好日后受用。”他坚决不肯，说：“后人称他们是廉洁官吏的子孙，这份产业比什么都丰厚。”

由于他有这样的品格，所以受到了当时执政的邓太后的器重，在元初四年(公元117年)把他征入京师，任命他负责掌管宫廷车马及牧畜事宜的太仆官，不久又转为掌管国家礼乐郊庙社稷的太常官，这是一个很重要的职务，是中央的九卿之一。永宁元年(公元120年)他当上了司徒，成为百官之首。从此，他决心尽瘁国事，凡有益于国家兴旺的事情，他竭力推行；凡有损于国家事业的弊政，他拼命革除，由此成为正直人的领袖、邪恶人的靶子。

邓太后死后，权归安帝。一些内宠之人开始横行妄为，其中以安帝的乳母王圣为代表。王圣有一个叫伯荣的女儿，依仗母亲与安帝的特殊关系，在宫廷中传递关节，招权纳贿。杨震知道后，马上向安帝奏报此事，希望安帝迅速将王圣迁出宫中，禁止伯荣入宫。安帝非但没有采纳杨震的建议，反而把他的奏折让王圣等人看。由此，这些内幸之人全都非常记恨杨震。安帝既然不管，王圣等人也就更加肆无忌惮了，伯荣不仅随意出入宫廷，而且骄淫更甚，和皇亲、刘瓌(guī)勾搭上之后，安帝冲着王圣的情面，给刘瓌加官封侯。杨震对此深恶痛绝，当着满朝文武官员上疏说："刘瓌无功封侯，违背祖训，人们不满，陛下应该慎思而行。"安帝看也没看就放到了一旁。

延光二年(公元123年)杨震由司徒改为太尉，负责军务。此时，朝廷中的官员大搞裙带关系，并且把亲信安插在各个衙署。有的要员受贿后，举荐了一些无赖到各地任职，杨震对此极为痛恨。一天，安帝的舅舅耿宝向杨震推荐宦官李闰的哥哥，要杨震给安排个职务。杨震没有答应,耿宝就亲见杨震说:“你知道皇帝很重视李闰,想让你征他的哥哥当官,我这不过是传达皇上的意思罢了。”杨震说:“如果真是朝廷想召他为官,就应该有尚书台的敕令。”遂表示坚决不同意,耿宝恼恨离去。几天之后,闫皇后的哥哥闫显也要杨震给自己的一个亲信安排职务,杨震又没答应。可这二人通过其他渠道,最终被任用了,而怨恨杨震的人越来越多。

这天,安帝下诏,要为王圣建造一所富丽的住宅,一伙阿谀之徒如宦官樊丰、侍中周广、谢恽等,竭力鼓噪,齐呼该建。刚正的杨震上疏反对说:“现在灾害不断,国家财政匮乏,修此奢华住宅,定当耗费巨资,樊丰、谢恽等人内外勾结,对地方敲诈勒索,人民极为不满,都说国家钱财装入了朝廷大员的腰包,因此怨恨国家,希望陛下抛弃骄奢、铲除奸佞、勤于政事。”安帝置若罔闻,樊丰等人胆子更大了,居然伪造诏书,调拨了国家的钱、粮和建筑材料,为自己建造房屋、园池、庐观,耗资无数。

不久,又发生了一件事。有一个叫赵腾的老百姓到宫中上书,批评时政,安帝大怒,以“大逆不道”的罪名判处死刑。杨震上书解救,说:“尧舜之世,在朝堂上设置谏鼓谤木,使人进谏;商、周之时,派官员到民间采集怨言,以知得失。今赵腾进言,虽语辞过激,但与谋杀不同,希望饶他性命,也好让百姓敢于讲话。”安帝看也没看,就把赵腾杀了。

延光三年三月，安帝东巡泰山，杨震属吏高舒查出了樊丰等人伪造诏书的事情，准备安帝回来时报告。樊丰等人知道后惶恐不安，马上联络了一些恨杨震的人，采用恶人先告状的手段，向安帝报告说："杨震对陛下处理赵腾一事极为不满，他是邓太后的人。邓家败后，他对您怨恨在心。"昏庸的汉安帝回京后，连夜收缴了杨震的太尉印绶。杨震平时为公而得罪的那些人，一窝蜂似的报复杨震，共推耿宝上奏安帝说："杨震不服，心怀忿恚(huì)。"安帝于是下诏放逐杨震。这位忠于职守、廉洁刚正的老人，就这样被谗杀了。

顺帝时，杨震被平反昭雪，以隆重的礼仪改葬在华阴潼亭，人们树碑立祠，年年祭奠。

# 知耻自新的周处

《左传》中说过："人谁无过，过而能改，善莫大焉。"明朝的思想家王守仁也讲过："人不贵于无过，而贵于能改过。"人们为什么把改过自新看作是极为可贵的品质呢？因为改过是需要勇气的。西晋的周处是一个勇于改过的人，所以，至今还流传着关于他的佳话。

周处字子隐，义兴阳羡(今江苏宜兴市南)人，生于三国时期吴国赤乌三年(公元 240 年)，父亲周鲂(fáng)做过吴国鄱阳郡(今江西鄱阳县东)太守。周处少年丧父，母亲管教不了。他不满二十，长得身材魁伟，臂力过人，很喜欢骑马打猎，凭借着一身的蛮力，在乡里横行霸道，为所欲为，无人敢问，成为乡民的一大祸害。人们因为憎恶他，不愿意帮他的忙，使他常常陷入困境。有一年风调雨顺，五谷丰登，可是家乡的父老们各个面带忧愁，郁郁寡欢。周处见了，很是奇怪，问这是为什么，父老们回答说："三害未除，我们岂能欢乐！"周处追问道："是哪三害？"回答说："第一是南山的白额猛虎，第二是长桥的水中蛟龙，第三就是你，这就是我们所说的三害。”周处听了，惭愧得无地自容。他决心痛改前非，重新做人。于是上南山，射杀了猛虎；潜水中搏击蛟龙，激战三昼夜，终于斩了蛟龙。起初，人们见他入水不归，以为被蛟龙所吞，非常高兴，家家大摆酒宴，以示庆贺。周处回来听到这个消息，很是悲伤，知道人们恨透他了。这是个传说，猛虎、蛟龙之事未必可信，不过是用来比喻周处年轻时浑恶的程度。

周处知错后，前去拜访当时颇著声望的文学家陆机、陆云兄弟，请求指教。他说：“我想改过自新，可是年龄大了，恐怕来不及了。”陆云对他说：“我们的古人把早晨听到有益的教诲、晚上死了都认为不晚，你才二十岁，有什么来不及的？人最怕无志，立了志又不能坚持。”周处听了，非常感激，揖别了陆云，回到家乡，修身养性，勤奋学习，并勇于助人，常怀报国之志。家乡父老们都觉得他变了，变成一个可以信赖的人了，于是，对他大加赞扬。几年之后，他当上了吴国的东观左丞，后来又当上了一个地区的都督。

吴国灭亡后，他担任了西晋新平郡(治所在今陕西彬县)的太守。新平地处西北少数民族地区，以往这里常发生民族纠纷，周处到任后，公正抚慰，使各族人民和睦相处，雍州(今陕、甘、宁地区)一带都盛赞他的为人。不久，又迁广汉郡(今陕西、甘肃、四川交界区)太守。这是个天高皇帝远的地方，曾积压了许多的诉讼案件，有的已经三十年了，也没有解决。周处到达这里，经详细调查后，很快全都处理了。后来因母亲年迈，卸官回家。

太熙元年(公元 290 年)晋武帝病死，杨皇后和她的哥哥杨骏掌握了政权。第二年，贾皇后杀了杨骏，夺取了政权，由汝南王司马亮辅政。不久，贾皇后又让楚王司马玮(wěi)杀掉司马亮，然后，她又把司马玮杀了。统治者你争我夺的政争，使得哀鸿遍野，民不聊生。这时，周处出任楚郡内史，这个地方刚刚经过战争，尸骨满野，新迁来的居民和原有的居民因风俗习惯各不相同，又经常斗殴。周处一边掩埋暴尸露骨，一边调解居民纠纷，晓以大义，人们说他是仁德的君子。

凭借着这些政绩，周处由地方升到了中央，担任了侍从皇帝、掌管规谏的散骑常侍官。他没有因为地位的提高而改变自己的操守，相反，却更加正直无私，他屡屡犯颜直谏，有时使得皇帝非常尴尬 (gān gà)。后来，他担任了纠劾渎职的监察官——御史中丞，由于他对于违法者，不论宠戚，一律弹劾，得罪了许多人，因而成了众矢之的。梁王司马彤被他弹劾过，所以恨他入骨。

元康六年(公元 296 年)氐族首领齐万年造反，憎恨周处的人见陷害他的机会来了，就一齐对晋惠帝说："周处是名将之子，忠烈果敢，可以为将。"保举他率兵前去镇压，又推荐梁王司马彤为征西将军，贵戚夏侯骏为帅。当时有人看出这一阴谋，认为周处前去必死无疑，就联合了朝中的一些正直官员，联名上奏皇帝，请求改派他人为先锋，晋惠帝没有答应。又有人劝周处以母亲年事已高为由，辞去此行，周处说："忠孝不能两全，先国而后家。"谢绝了这些人的建议，上马而去。

两军对峙时，梁王只拨给周处五千军卒，与齐万年的七万人马交战，周处的士兵还没有吃饭，梁王就催促周处出兵，并切断了周处的后援。周处知道此战必败，就写了一首悲壮的诀别诗，然后率领着士兵冲入了敌阵。他从早上一直战到黄昏，最后箭尽弓绝，士兵所剩无几，卫兵劝他撤出阵地，他手按宝剑高声说："今天是我效命尽节的日子，我身为国家大臣，以身殉国是应该的。"说罢，又挥剑力战，终于战死疆场，时年五十七岁。

## 闻鸡起舞的祖逖

“闻鸡起舞”意思是说深夜听到鸡叫，就起来舞剑，比喻有志之士的及时奋发。后来，每当国家蒙难，爱国志士就用它激励自己为国家民族干一番事业。这个成语便出自东晋名将祖逖(tì)的故事。

祖逖字士稚，范阳道县(今河北涞水县北)人，生于西晋泰始二年(公元266年)。父亲祖武，曾任上谷郡(今河北怀来县东南)太守，早逝。祖逖性情豁达，慷慨仗义，有志节，每到乡间，见到贫苦人家，就散发布谷周济，深得乡里宗族的敬重。后来侨居阳平(治所在今河北大名县东)。二十四岁时，与另一名士刘琨同为司州主簿，负责洛阳的文书印鉴，两人志趣相投，共被同寝，夜半听到鸡叫，祖逖便推醒刘琨，双双挥剑起舞。每谈论时事，经常中宵起坐，互相激励，慨然有报国之志。

西晋王朝从立国之始，就酝酿着变乱。晋武帝一死，宫内发生了杨皇后和贾皇后争夺政权的内乱，继而延伸到皇室诸王之间，从而导致了长达十六年的“八王之乱”，给人民生命财产造成极大的损失，激起了各族人民的反抗，北方的匈奴族和羯(jié)族的贵族也乘机起兵，反对西晋，使北方和中原地区陷入一场大混战的局面。

这期间，祖逖先后担任过齐王司马冏(jiōng)的大司马掾、长沙王司马乂(yì)的骠骑祭酒，这两个职务都是负责军事的武官。后来，再迁为太子舍人，掌管文翰。永安元年(公元304年)随惠帝北伐成都王司马颖，兵败，惠帝被擒。不久，惠帝又落入军阀王浚手中，这年十一月，王浚部将张方挟惠帝西迁长安。此后天下大乱，各路诸侯为了夺取政权，纷纷召集人才。他们听说祖逖谋划有方，就争相召用他。祖逖认为，这些人全是国家的祸害、黎民的盗贼，为了维护国家的利益，他另有抱负，没有接受任何人的征聘。

晋怀帝永嘉五年(公元311年)六月，匈奴人刘曜攻陷洛阳，捕怀帝，杀官吏，焚洛阳，京师大乱。祖逖为了避难，率领亲族数百家逃到淮、泗(今淮河与泗水流域)地区。一路上，他顾前护后，指挥有方，还将自己的车马让与老弱者乘坐，自己步行，衣食药物，与人共享，因此，众人十分感激，共同推举他为难民首领。在刚刚抵达泗口(今江苏清江市北)的时候，他接到了琅琊王司马睿(即后来的晋元帝)的任命，让他担任徐州(今江苏长江以北和山东东南部)地区的最高长官，不久，转任军谘祭酒，屯军丹徒的京口(今江苏镇江市)。

祖逖痛感国家多难，百姓遭殃，立志恢复中原，安定社稷。他觉得民心可用，便上书司马睿，请求北伐。这时，司马睿正忙于组建偏安政权，稳定和扩展自己在江南的地位和势力，对北伐并不感兴趣。但迫于舆论的压力，不便拒绝，就于建兴元年(公元 313 年)授祖逖为奋威将军、豫州刺史，给了他一千人的军粮和三千匹布，让他自谋兵卒、武器去北伐。

祖逖虽遭冷遇，但未气馁，他率领着私人武装百余家，毅然渡江北上。当渡船驶到江心时，他面对滔滔的江水，击打着船桨，激昂地说："我祖逖如果不能收复中原，誓不回还！"表现了一个忧国志士的气概。

渡江之后，驻扎江阴(今江苏江阴县一带)地区，招募义勇，铸造兵器，组建了一支两千多人的部队，经过训练后，开始向中原挺进。

这时，中原地区庄坞林立，战争频繁，这些坞主拥有自己的武装，他们或独霸一方，不服辖制，或勾结北方少数贵族，攻城掠地，使黄河流域惨遭涂炭。祖逖率领着这支纪律严明、作战英勇的部队，一路披荆斩棘，势如破竹，相继平定和招降了一些地方武装，开辟了基地，扩大了队伍，振兴了士气，赢得了声望。此后，他就和后赵的统治者、羯人石勒在河南东部多次展开激战，打得石勒闻风丧胆，收复了河南的大部分地区。为了争取各种力量，集中打击石勒，他对黄河沿岸的赵固、上官巳、李矩、郭默这些相互攻伐的武装坞主，派人从中和解，晓以大义。果然，他们解除了旧怨，表示愿意归附祖逖领导。

祖逖礼贤下士，廉洁奉公，军纪严明，爱恤百姓，他每战身先士卒，对有功者赏不逾日，所以，士兵全愿效命。当他打败一个名叫樊雅的军阀时，缴获了一匹骏马，有一客军将领李头很想要这匹马，但又不好意思开口，祖逖知道后，立即将马送给了他，使李头大为感动。另一坞主陈川被祖逖击败后，祖逖将陈川掠夺的子女车马，各归原主，一无所私。战争之余，他鼓励农桑，亲率宗族参加百姓的耕耘、担柴等劳动，还替无钱丧葬者收殓祭醊(zhuì)，豫州的老百姓称他为再生父母。由于战功卓著，他又升为镇西将军。

正当他斗志旺盛、热情饱满，同当地军民一道，准备越过黄河，收复河北的时候，晋元帝等人担心他势力大增，于己不利，便命仅有虚名的戴若思为都督，统辖祖逖收复的州部。显然，这是为了牵制祖逖。祖逖见自己受到疑忌，又听说朝中权贵王敦和刘隗等互相倾轧，内乱将要爆发，感到北伐大业无望，于是，感愤成疾，卒于雍丘(今河南杞县)军中，时年五十六岁。豫州人民十分悲痛，为他立祠，以示崇敬和悼念。

## 重视家教的颜之推

中国重视家庭教育的历史故事很多。如孔子叫他的儿子伯鱼学《诗》,读《礼》。孟轲的母亲为了有利于儿子的成长而搬了三次家,还把织了半截的布剪断,来告诫中途停止学习的严重性,以鼓励儿子学习不辍。东汉名将马援曾写《戒兄子严敦书》来告诫他们不要随便讥评时政。晋代的嵇康和杜预都作过《家诫》;陶渊明写过《责子》诗;唐代还流传过《太公家教》等等。不过,真正写成家庭教育专著并对后世产生重大影响的,应首推颜之推的《家训》二十篇。

颜之推是南北朝时人。他少年聪悟,博览群书,对《周礼》和《左传》很有研究。他最初在南朝梁做官,曾奉命校书,后入北齐主持文林馆。齐亡,复入周、隋当官。

颜之推出身官僚世家。他的远祖、祖父和父亲都做过大官,也都是很有学问的读书人。哥哥颜之议也是一位文学家。颜之推九岁便死了父亲,哥哥虽然爱他,但"有仁无威,导示不切",对他的要求不严格。他虽然自幼读书,却又"颇为凡人之所陶染”，养成了“好饮酒，多任纵，不修边幅”的放荡习气，因此受到人们的责难。

成年之后，他很想改掉那些不好的习惯。但习惯既已形成，就很难改，常有一些明知不该做的事，却又抑制不住地去做了，因此总是“夜觉晓非，今悔昨失”。后来，他反思人们的批评，认真地考虑了一番，认为自己有不好的习惯是因为幼时缺少良好的家庭教育造成的。为了使子孙后代自幼处世为人有所遵循，他晚年总结自己一生的经验教训，写成了《家训》一书，被后人称为《颜氏家训》。

《颜氏家训》分为《序致》《教子》《兄弟》《后娶》《治家》《风操》《慕贤》《勉学》《文章》《名实》《涉务》《省事》《止足》《诫兵》《养生》《归心》《书证》《音辞》《杂艺》《终制》二十篇。《教子》篇讲如何教育子女；《兄弟》《后娶》《治家》讲如何处理家庭关系；《风操》《慕贤》《省事》《止足》《诫兵》篇谈个人修养；《勉学》《文章》《名实》《书证》等篇讲读书做学问。

颜之推认为教育子女是父母的重要责任。对孩子的教育，应从小开始，并主张从“胎教”开始。如没有条件进行“胎教”，也要从婴儿时期开始进行教育。这是因为“少成若天性，习惯如自然”，小时候有了不良习惯，长大了就很不好改。在教育方法上，他反对一味“恣其所欲”，而应对孩子严格要求。

在颜之推所处的时代，出身于世家大族的士大夫们往往崇尚空谈,不务实际。颜之推对此极为不满。在《勉学》中,他抨击了那些只能说不会做的读书人。他说这些人如果去断案,不一定断得合理;如果管理一个有千户人家的县,不一定管理得好;如果问他们建造房屋的事,不一定知道门框上的横木应当横着放,而梁上的短柱则是竖立着的;问他们种田的事,不一定知道谷子比黍子早成熟。这样的人能干什么呢?因此,颜之推主张读书做学问要“利于行”。他说:“夫学者犹种树也……讲论文章,春华也;修身利行,秋实也。”强调学以致用。

颜之推出身名门望族,自幼厕身上层社会,对士族和士大夫的腐朽很了解;他一生又历经坎坷,“三为亡国之人”,在颠沛流离中看到了普通劳动者是社会不可缺少的人。在《涉务》中,他举梁朝士大夫为例,说明这些人平时养尊处优,出入乘车,让人扶侍,一遇丧乱,则因体弱骨柔而不能自存,实际上是很脆弱、很无用的。而在普通劳动者的各行业中,都有技艺精湛的有用之人。《勉学》中说:“农、商、工、贾,厮役、奴隶,钓鱼、屠肉、饭牛、牧羊,皆有先达,可为师表,博学求之,无不利于事也。”

颜之推写《颜氏家训》,常取材于时事。他在《名实》中写了一个伪装孝悌的士大夫。此人在居丧期间,用巴豆涂脸,造成疤痕,想让别人以为是哭泣过度落下的,结果连他的奴仆都不能为他掩饰。又有一个读书不过二三百卷的士族,天性钝拙,便以酒肉、珍玩“交诸名士”,使他们为自己吹嘘,以博取虚名。这两个例子揭露了士大夫的虚伪嘴脸。《颜氏家训》就事论理，颇有说服力，因此这本书在此后的封建社会中一直很有影响。有人对此书很推崇，说“凡为人子弟者，可家置一册，奉为明训，不独颜氏”。清人卢文弨《注〈颜氏家训〉序》称：“若夫六经，尚矣。而委曲近情，纤悉周备，立身之要，处世之宜，为学之方，盖莫善于是书。”

颜之推是封建社会的人，由于历史的局限，他的《颜氏家训》中也有不少封建性的糟粕。但其中有益于家庭教育的内容，至今仍有借鉴的意义。

## 佐治仁爱的长孙皇后

纵观中国两千多年的封建王朝，皇后能够不预朝政，生活节俭，并以仁爱对待其他嫔妃，实在太少了，但是，唐太宗时的长孙皇后，就做到了这些，所以，她被后人频频地赞扬。

根据史书记载，长孙皇后的祖先是北魏拓跋氏，属于鲜卑族人，经过南北朝民族大融合已经汉化。她父亲长孙晟(shèng)担任过隋朝的右骁卫将军。她从小很有教养，喜欢读书，精通历史，十三岁的时候，嫁给李世民为妻，二十七岁当了皇后，直到贞观十年(公元636年)她三十六岁去世为止，一直和唐太宗李世民生活在一起，对李世民的事业有一定的帮助。

俗语说："女无美恶，入宫见妒。"历览我国封建社会，皇后与妃嫔媵嫱之间争宠妒嫉，宛如寇仇，史书中记载了不少她们互相残杀的悲剧。但是，长孙氏身为皇后，却不是这样，她善良仁慈，具有很大的气魄和襟怀，所以，得使唐太宗安心政务，情绪上不受干扰。比如：曾有个嫔妃，生下豫章公主后就死了，长孙皇后把她当作自己亲生的女儿抚育着；其他嫔妃得了病，她停服自己的药膳，送给她们服用；宫中之人如果犯了罪，她既帮助唐太宗按法处罚，又常等唐太宗怒气缓解后，慢慢地为他们开解，不致因唐太宗盛怒之下，使臣下受罚过重，宫中之人对她无不爱戴。

她远见卓识，常能以史为鉴。她对自己的亲属和子女要求很严，绝不让他们利用自己的身份而享有特权。她熟谙前朝外戚专权给国家带来的灾难，给自家造成的恶果，所以，坚决请求唐太宗不要授予她亲属重权。她的哥哥长孙无忌少年时就与唐太宗过从甚密。后来经常跟随唐太宗征伐，很有才智，是策划"玄武门政变"的主要人物，唐太宗要让他担任左武侯大将军、吏部尚书、右仆射等要职，按理讲，他是受之无愧的，可长孙皇后坚决不同意，她对唐太宗说："我已经很尊贵了，实在不愿意再让兄弟子侄在朝中掌握大权，汉朝吕后家族把持朝政的结果足以为鉴。"她认为，保护子孙、宗族安全的唯一办法，是不让他们担任要职。唐太宗不听，她又密告哥哥向唐太宗苦求辞让，唐太宗无奈，只好让他当了一个没有实权的一品散官。她临终时，还谆谆告诫唐太宗不要给她亲属大权。在中国封建社会里，哪家生女为皇后，随之而来的就是光宗耀祖，鸡犬升天，长孙皇后却以之为耻，实属难能可贵。

有时，唐太宗把朝中之事告诉她，征询她的意见，她不肯回答，推托说："我是女人，只管家务，不参预政治。"她这样做，一则可以避免家庭凌驾于朝廷之上，再则可以避免枕边风干涉朝臣们的决策，这是何等的明智。

我们说长孙皇后不参预政事，并不是所有的政事都不参预，一旦触及到大唐政权时，她不仅参预，而且还很有眼光。有一次，唐太宗罢朝回宫，怒气冲冲地说："非杀了这个田舍翁不可！"长孙皇后问是谁，唐太宗说："魏征经常在满朝文武大臣面前冲撞我，让我难堪。"长孙皇后立即换上朝服，站于庭中。只有重大事情的时候，皇后才这样装束，所以唐太宗吃惊地问为什么要这样做，长孙皇后回答说："我听说君王要是明智，大臣就直率，现在魏征敢于直谏，是因为您圣明的缘故，我怎能不表示庄重地庆贺呢！"她如此机智、委婉地规劝唐太宗，多么聪明啊，真可谓柔中有刚。

长孙皇后对孩子们管教很严，绝不允许他们依仗皇势而违法乱纪。她的女儿长乐公主将要出嫁，唐太宗给她准备的陪嫁物品超过永嘉长公主。永嘉长公主是李世民的姐姐，按照唐朝的制度，皇帝姐姐与女儿待遇理应一样，唐太宗这样做违反了唐制，经魏征的劝谏，唐太宗没有施行，事后，将此事告诉了长孙皇后。长孙皇后没有因为魏征的阻拦而憎恨魏征，反而对他大加赞扬，说："魏征是真正的忠臣，我与你是结发夫妻，遇事还要看你的脸色讲话，他无论何时何地何事，都敢直言，实在难得。忠言逆耳，国君接受它，人民就安宁，拒绝它，国家就动乱。"并派人赐给魏征四百缗钱、四百匹绢，以鼓励魏征的直言。女儿出嫁，她不无私心，只不过她要以身作则。皇太子的宫中缺少什用器具，太子乳母让长孙皇后奏请唐太宗给予添加时，她拒绝了，说："身为太子，怕的是德不立，名不扬，器物少有什么可忧虑的？"她不让太子追求物质享受，要他树立志向，这是很有远见的。

她身为皇后，一直过着朴素的生活，吃穿等物，够用则止，以读书自娱，整日手不释卷。贞观八年(公元634年)长孙皇后得了重病，太子让她请求唐太宗大赦，并劝人脱俗出家，以期神灵保佑，她回答说："如果修善可以延长寿命，我平时没有做恶事；若行善无效，我乞求神灵有什么用？大赦是国家的重要事情，劝人出家是皇上不主张的，不能因为我而乱了国家的法度。"她对福祸、善恶采取了极理智的态度。后来，她的病情愈加恶化，在生命垂危的时刻，她念念不忘江山社稷，还请求唐太宗采纳忠言，摒弃谗佞，节省徭役，并说："我活着的时候，对国家没有什么贡献，死后一定不可厚葬，自古圣贤，都崇尚薄葬，只有无道之世，才大起山陵，劳费天下，让后人讥笑，您薄葬我，就等于没有忘记我。"一千多年以前的一个皇后，在临终前表现得这样清醒、冷静，是很值得后人深思的。难怪唐太宗在她去世后说："因为她的规劝，弥补了我许多过失，现在再也听不到她的良言了，我失去了一个宫内的良佐，实在令人痛心呀！"

长孙皇后的确是中国古代的一位伟大女性。

# 流芳千古的颜真卿、颜杲卿

提起颜真卿，我们都知道他是唐代的大书法家，"颜体"的创始人，他的书法刚劲浑厚，成为书法史上的一大高峰。其实，他还是一位刚正不阿、气节高尚的著名政治家。对于颜杲卿，人们可能有些陌生，他是颜真卿的堂兄，南宋民族英雄文天祥在《正气歌》中有"为颜常山舌"的诗句，赞扬的就是他。

颜真卿字清臣，颜杲卿字昕(xīn)，他们祖籍在琅琊临沂(今山东临沂市)，后来迁居到京兆万年县(今陕西西安市)，《颜氏家训》的作者颜之推，是他们的五世祖。颜真卿幼年丧父，得到母亲的良好教育，少年有志，刻苦攻读，正直达礼，在唐玄宗开元年间(公元713~741年)考中进士。此后，他担任过醴泉县(今陕西礼泉县东北)的县尉和监察御史官，河西(治所在今甘肃武威市)陇右军试覆屯交兵使。当时五原(今陕西定边县)地区属他管辖，有一桩冤案，很久未能了结，他经过详细调查后，很快妥善处理了，受到当地老百姓的赞扬。由于他善理政务，所以频繁迁职，他当过殿中侍御史、东都畿采访判官、侍御史、武部员外郎等职。当时，杨国忠倚仗其妹妹杨贵妃的势力，得以专权，恨颜真卿不附和自己，把他排斥到平原郡(今山东平原县西南)做郡守。与此同时，颜杲卿经安禄山的举荐，也当上了代理常山郡(今河北正定县)的太守。

安禄山的叛逆行为日益显露，颜真卿料他必反，就暗中做了抵抗的准备。有一次，他以连降大雨为由，加固了平原城，拓宽掘深了护城河；并暗募兵勇，积蓄粮食，表面上装出无所事事的样子，经常与友人划船游玩，饮酒赋诗。安禄山果真以为他是个书生，就未加提防。

天宝十四年(公元755年)十一月，安禄山在范阳(今北京)起兵叛乱，很快攻下了黄河以北的大部分地区，只有颜真卿的平原郡城守俱备，未被攻破。十二月十二日东都洛阳陷落，然后，安禄山挥师西进，直逼唐朝首都——长安。

安禄山部将段之光带着洛阳守将李憕(chéng)、卢奕、蒋清三人的头颅，到黄河地区威胁各地官员。当段之光来到平原郡时，颜真卿怕动摇军心，就对部下说："我认识李憕三人，这不是他们的头颅。"然后把段之光杀了，并派人去联络他的堂兄颜杲卿，商议如何牵制安禄山西进和切断他的归路等问题。这时，颜杲卿正和安禄山的亲信蒋钦凑等人驻守在土门关(今河北井陉关)，这是进入华北地区的隘口。颜杲卿早有反安起义之心，得到颜真卿相约，即刻计杀了蒋钦凑，然后和颜真卿在安禄山的后方起兵讨叛。一时河北十七郡反对安禄山叛乱、维护国家统一的官员，带着队伍，齐集平城，推颜真卿为盟主，合兵二十万，名声大振，很快收复了河北许多失地。

安禄山到达了陕、虢(Guó)，听说河北骤变，急派史思明回军平定。不久，河北诸郡又相继陷落。天宝十五年(公元756年)正月，史思明攻打常山郡，颜杲卿指挥城中军民昼夜奋战，最后弹尽粮绝，城池陷落，颜杲卿被活捉。史思明把他的小儿子带来，对他说："投降我，就免你儿子一死。"颜杲卿见自己亲生骨肉将遭杀戮，内心直淌血。为了明志守节，他老泪纵横地看着自己的儿子被绑赴刑场。后来，他被带到洛阳，去见安禄山，安禄山对他怒吼道："我提拔你当了太守，哪里对不起你，你背叛我？"颜杲卿圆睁双目，骂道："你从前不过是个营州(今辽宁一带)放羊的卑奴，依靠诈媚取得了皇帝的宠信，当上了范阳节度使，皇帝哪里对不起你，你却反叛？我家世代忠臣，恪(kè)守忠义，恨不能将你碎尸万段，以报国家。"安禄山怒不可遏，把他绑在洛水的天津桥柱上，割下了他的舌头，然后，惨无人道地将他肢解而死，时年六十五岁。

常山等郡沦陷后，颜真卿的平原郡人心惶惶，不可复振。唐肃宗至德元年(公元756年)十月，颜真卿被迫弃郡，第二年四月，来到凤翔(今陕西凤翔县)，拜见即位不久的肃宗皇帝，被封为御史大夫。

"安史之乱"平定后，他在肃宗、代宗、德宗三朝担任过许多职务，有一地的最高长官，也有中央要职，并被封为鲁郡公，世称“颜鲁公”。由于他为官正直，秉公办事，从不向恶势力低头，所以一直受到排挤和打击。他历经四朝，担任过这四朝宰相的人有杨国忠、李辅国、元载、杨炎、卢杞，无一不因为他公忠守节、坚贞一志而憎恨他。

唐德宗建中三年(公元782年)，淮宁节度使李希烈叛乱，宰相卢杞见陷害颜真卿的机会来了，就向唐德宗建议说：“颜真卿在朝廷内外很有威望，派他去劝导李希烈，不用一兵一卒，便可平息此乱。”很显然，这是想借刀杀人。这时，颜真卿已是七十多岁的老人，为了维护国家的利益，他不顾个人安危，毅然来到汝州(治所在今河南临汝)。李希烈听说颜真卿来了，十分紧张，他知道颜真卿德高望重，一身正气，是个威武不屈的老头儿，但还想威慑一下，于是在见面的时候，命他的部将和养子一千多人冲上前来，围住颜真卿，剑戟交胸，进行威胁。颜真卿毫不畏惧，手拄拐杖，昂然挺立，高声叫道：“大唐淮宁节度使李希烈，下位接旨！”李希烈被颜真卿凛然正气所折服，只好下位给颜真卿作揖，然后把他安排到了馆驿里，准备慢慢软化他。

后来，李希烈要尽伎俩，又是利诱，又是威逼，要颜真卿辅佐他做皇帝，遭到颜真卿坚决拒绝。兴元元年(公元784年)唐朝军队平定了朱泚(cǐ)的叛乱，李希烈感到自己的末日即将到来，就派人缢死了颜真卿，时年他已七十七岁。

## 忠义智勇的段秀实

提起“忠义”二字，就使人想起封建礼教。不错，封建社会的杰出人物，往往以忠义律己，或是以忠义节人。但是，同是在忠义思想指导下采取的行动，也可以分出是非曲直来。区分的标准，就是看那些行动是顺应历史的发展，还是逆历史潮流而动。段秀实的行动属于哪一种呢？请大家读了他的故事后自己去判断吧。

段秀实是唐朝人，字成公，家在陇州汧(qiān)阳(今陕西千阳县)。段秀实很孝顺，还在孩童时，母亲有病，他竟六七天吃不下饭。待母亲的病有所好转，他才进食。成年后，段秀实立志报国。他认为“搜章摘句”地走科举之路不能为国立功，便投笔从戎，加入了军队。

唐玄宗天宝四年(公元745年)，段秀实因战功升为安西府别将。天宝七年，他跟随安西节度使高仙芝围攻黑衣大食(唐代称阿拉伯帝国为大食)的怛逻斯城。大食救兵赶到，高仙芝兵败，溃不成军。入夜，段秀实在乱军中听出有副将李嗣业的声音，于是大声对李嗣业说："因俱敌而逃跑，这是怯懦的表现，自己跑掉而听凭广大士兵陷于危难中，这更是不仁！"李嗣业听后很惭愧，便同段秀实一起收拾败兵，把他们重新组织起来，带回了安西府。段秀实不但有勇，而且有谋。天宝十二年，封常清任安西节度使，率军攻打西域的一个城邦。敌人一战而退，封常清就要下令追击。段秀实说："敌人这样不堪一击，是想引我们中埋伏，要小心。"封常清命人在道路两旁的山林中搜索，消灭了敌人的伏兵。

唐朝中后期，各节度使往往拥兵自重，不听皇帝的命令，严重地削弱了中央政权。段秀实归安西节度使管辖，经常劝说节度使听从皇帝的调遣，维护国家的统一。

天宝十四年，爆发了安史之乱。次年长安陷落，玄宗逃往四川。至灵武时，让位于太子李亨，这就是唐肃宗。肃宗向朔方、陇右、河西、安西和西域征调援军。这时，安西节度使是梁宰，他打算逗留观变，不肯发兵。李嗣业暗地里也同意这样做。段秀实对李嗣业说："现在皇帝有难，做臣下的怎么能只图自己无事呢？你常自称是大丈夫，其实也不过如此。"这个激将法还真起了作用。李嗣业于是恳请梁宰发兵五千，由李嗣业统领，段秀实负责后援，在同安史叛军作战时屡建战功。

当时，不仅安史叛乱军队祸国殃民，唐朝从各处征调来平叛的军队，也四处掳掠，坑害百姓。唐军副元帅郭子仪的儿子郭晞，以检校尚书任行营节度使，驻军邠(bīn)州。士兵放纵不法，百姓以之为患。当时安西节度使是白孝德，邠州归他管辖。但他对郭晞的士兵不敢节制。段秀实对白孝德说："皇帝把此地百姓交给你治理，见到百姓受残害，你却无动于衷，如果导致大乱，你怎么办呢？"白孝德反问道："你有什么办法吗？"段秀实说："如果交给我办，我可以制止他们。"于是白孝德以段秀实为都虞侯，负责管束军队。一天，郭晞的十余名士兵到街市上抢酒，杀死了卖酒的老翁，砸了盛酒的器具。段秀实率人把这十余人抓起来，斩首示众。郭晞的人一下子鼓噪起来，都披上了盔甲。白孝德很害怕，把段秀实叫来问道："这可怎么办呢？"段秀实说："我去和他们说。"于是解下他的佩刀，找了一个腿瘸的老人为他牵马，来到郭晞的营门前。披着盔甲的士兵出来见他这副模样，不禁愕然。段秀实笑着走进门，说道："杀一个老头儿何必披戴盔甲，我这不是带着头来了吗？"接着，他对士兵们说："是郭晞尚书对不起你们呢，还是郭子仪副元帅对不起你们呢？为什么要乱来败坏郭氏的名声？"这时，郭晞走出来，段秀实对他说："副元帅功塞天地，而你却在这里纵卒行凶，这恐怕要连累副元帅的。人们会说你是因为和副元帅的关系才放纵士兵的，副元帅的功名，要毁在你手里了！"郭晞听后说："幸亏您教导我，我愿意让军队听你的管束。"随后命令士兵脱了盔甲。段秀实说："我还没吃饭呢，请准备饭。"吃完饭，段秀实又说："我身体不舒服，想睡在这儿。”于是在士兵的军营中睡下。郭晞赶紧派人护卫。此后，邠州就安定了。

唐代宗大历十一年(公元 776 年)，段秀实任泾原郑颍节度使。他不遇公事不饮酒，不纳妾，家无余财。部下同他议论军政时，他从来不提私事。

唐德宗建中元年(公元 780 年)，宰相杨炎打算筑原州城，段秀实说：“刚开春不宜动土，请等到农闲时吧。”杨炎认为段秀实有意阻拦自己，于是调段秀实为司农卿，削了他的兵权。

不久，泾原节度使姚令言率军过京师时发生兵变，德宗出奔奉天。太尉朱泚乘机称帝，建国号大秦。朱泚以为段秀实被夺了兵权，一定怀恨在心。又因为段秀实深得人心，便拉他一同反叛。段秀实假装应允，暗地里联络了几名大将准备诛杀朱泚。朱泚召段秀实议事，段秀实着戎装，坐在朱泚身边。当说到篡位的事时，段秀实一跃而起，唾骂朱泚道：“你这个叛贼，我恨不得把你碎尸万段！”说着，从在座人手中夺过一个象笏，打在朱泚的头上。朱泚被打得血流满面，狼狈而逃。但是，约定在外接应的将领没有来。于是段秀实对朱泚手下的人说：“我不和你们反叛，为什么还不来杀我！”朱泚的左右蜂拥而上，段秀实就义。

## 满门忠烈的谢枋得

南宋末年，元兵大举南下，宋朝兵将奋起抵抗，许多人宁死不肯背叛宋朝，谢枋得就是其中一个。

谢枋得字君直，信州弋阳(今江西弋阳县)人。他为人豪爽，非常痛恨当朝的误国权贵。宋理宗宝祐四年(公元 1256 年)，谢枋得举进士。他在对策中批评贪纵淫恶的右丞相丁大全，考官对他很赏识，打算将他列为第一甲第一名，可皇帝却不喜欢他的议论，结果发榜时，他名列第二甲第二名，授官抚州司户参军。谢枋得因为自己的言论不被采用，所以没有去上任。他对皇帝的昏聩和朝廷的黑暗很失望，写了一首诗表达心情，其中有几句是："天地有心扶社稷，朝廷无意得英豪。早知骨鲠婴(触犯)时恙，何似山林遁迹高。"他感到报国之路坎坷不平，如重山在前，于是给自己的读书堂起名叫"叠山"，所以当时人都尊称他为"叠山先生"。

不久，江东安抚留守吴潜调谢枋得前往抗元。谢枋得组织了一万多人的民兵，保卫饶、信、抚三州。当时，谢枋得曾支取官府钱粮作军饷，元军退后，宰相贾似道大搞“打算法”，以军兴时诸将支取官物为“赃私”，追取赃钱。有的下狱，有的罢官，打击了一大批地方统军官帅，谢枋得也是其中之一。

宝祐五年(公元1257年)，谢枋得到建康应试，试文中说贾似道当政，误国害民，这样下去，元兵来时，一定要亡国。有人把他的文稿给贾似道看，贾似道给他罗织罪名，说他居乡不法，与元兵作战时冒领官府财物，还诽谤上官，于是贬官到兴国军。

宋度宗咸淳三年(公元1267年)，谢枋得出任信州知州。第二年年初，原来同谢枋得是朋友、后来投降元朝的吕师夔导元兵进攻江东，威胁信州上缴衣服粮食给元军。谢枋得回答说，信州的米是供大宋太皇太后皇帝吃的，信州的绢是给大宋太皇太后皇帝穿的，我虽然曾经和你是朋友，但绝不能给你。今后你我见面，唯有厮杀而已！他派张孝忠与元兵在团湖坪大战，张孝忠中箭身亡。接着，信州失守。谢枋得改名换姓，隐藏在建宁唐石山中。他目睹国家将亡，心里充满悲愤，每天痛哭不已。后来，他到建阳为人占卜度日。有些百姓知道他是谁，经常把他请到家里教子弟读书。公元1279年元灭南宋后，谢枋得就在福建住下来。

元世祖至元二十三年(公元1286年)，集贤学士程文海向朝廷推荐二十二名宋朝旧臣，以谢枋得为首。谢枋得坚辞，不肯到元朝做官。第二年，元福建行省丞相忙兀台又亲自去请他，他仍不肯出任。至元二十五年，元朝廷又派人召谢枋得，谢枋得说，我已经六十多岁了，只希望一死，再没有别的志向！这时，福建行省参政魏天祐见到朝廷急着访求人才，很想用推荐谢枋得来立功，便派谢枋得的一个朋友去说服他，谢枋得把这个人痛骂了一顿。此人见游说不成，强拉他去见魏天祐。谢枋得在魏天祐面前傲然直立，不和他见礼，魏天祐问话，他也不回答。魏天祐气得不行，令人把谢枋得押送到京师。

至元二十六年(公元1289年)四月五日，谢枋得被押到京师，安置在悯忠寺。陪伴他的人领他去看文天祥殉国的地方，谢枋得说，当年文天祥与我同中进士，我如能和他同死一处，也是我的幸事啊！他又见悯忠寺中立有曹娥碑，挥泪读之，说道，像这样一个小小的女孩子，尚能为义而死，我还能不如曹娥吗！于是绝食数日而亡。

谢枋得的伯父和两个堂兄弟都死于抗元战争。谢枋得死后，他的母亲带着孙子避居远方，无一怨言。别人问她，她说，我儿为国尽忠，死得其所，因此被当时人称为“贤母”。谢枋得的妻子李氏，在谢枋得兵败后带着两个儿子躲在山中。元兵追至，声称如不得李氏，就要把当地夷为废墟。李氏说，怎么能因为我连累无辜百姓呢！毅然出来就俘，被囚建康狱中。李氏长得很漂亮，又善写诗文，宣慰使廉下默看上了她，要娶她为妻。李氏知道硬抗不行，于是假装应允。婚礼的前一天，自缢于狱中。

谢枋得满门忠烈，在国破家亡之际，仍能恪守臣节人伦，这是很值得尊重的。

## 碧海丹心的郑思肖

明朝崇祯十一年(公元1638年)吴中(今属江苏省)地区久旱乏水,百姓汲水奔走于道。十二月十二日这天,人们寻水来到吴县(今苏州市)承天寺里,在一口眢(yuān)井中,发现了一个大铁盒子,上面已布满了厚厚的尘土,打开之后,内有手稿一册,书名《心史》,外写《大宋铁函经》,内书“大宋孤臣郑思肖百拜封”十字。郑思肖是谁?他怎么把书藏到这里呢?

郑思肖字忆翁,别号所南,连江(今福建连江县)人,生于南宋理宗淳祐元年(公元1241年),是宋、元之际的一位很有民族气节的爱国诗人和画家。他的祖父郑咸,做过枝江县(今湖北枝江市西南)的主簿,父亲郑震,是位很有正义感的学者,担任过安定、和靖二书院的院长,在得知佞臣郑清之再度为丞相时,亲临其门,高声骂道:“你这个端平时期(公元1234~1236年)的败相,怎敢再次败坏天下?”因此全家被捕入狱。

郑思肖兄妹二人,从小父母要求他们很严格,行、坐、寝、食,无一事一时而不教,尤其是他父亲的高贵品质,对他们兄妹影响很大。郑思肖少年有志，聪慧超人，行为奇异。二十岁左右，考入了当时的最高学府——太学，并且名列优等。为了服侍父亲，他毅然抛弃了仕进的机会，来到吴地，寄居西湖侧畔，每日与四方名儒硕学交游，增广见闻。时值元军大举南下，宋庭腐败而无法抵挡，眼见祖国河山沦丧，人民惨遭蹂躏，郑思肖忧愤万分，跑到国都临安(今浙江杭州市)，扣宫门上疏皇帝，怒斥尸位素餐者的特权误国，要求革除弊政，重振国风，抵抗元军的进攻。由于他的奏折言辞激烈，切中时弊，触犯了当权者，所以，未予上报。

南宋灭亡后，郑思肖十分悲痛，他要以文天祥为榜样，学习伯夷、叔齐不食周粟，决心以一人之力，反抗元朝的统治，所以自称“孤臣”。有人笑他迂腐，说：“天下就缺少你这么个忠贞之人?”他回答道：“所有的人要都像我这样做，我们的国家、民族就有救了。”他认为在元人的统治下生活，简直是一种耻辱，所以决定改名换姓，终生不仕元。“思肖”就是这时起的名字，意思就是思念宋朝(宋朝皇帝赵姓，肖是“赵”字繁体写法的构成部分)，忆翁、所南都是这个意思。每年夏、冬祭祀，他都到田野里大哭一场，然后向南叩拜；见到穿元人服装、讲蒙语的人，他就掩耳咄咄疾走；无论坐着还是躺下，从不面朝北方，以示不为元朝的臣民；题自己居室的匾额名为“本穴世家”，因“本”字可拆成“大”“十”，将“十”置于“穴”中，即为“大宋世家”。赵孟頫(fǔ)是宋朝宗室，著名书画家，在当时名气很大，与郑思肖关系很好。后来，他降元并担任了元的官职，郑思肖恨他没有骨气，就与他断绝了往来。郑思肖很擅长绘兰花，自南宋灭亡后，所绘兰花全不画土和根。有人问他为什么，他说："土地都让番人夺走了，你不知道吗？"把爱国激情寓于画中。许多元朝的达官显贵，求他绘兰，他坚决不肯，反而赠予平民百姓。有一次，本县知县向他讨求，他不肯画，这个知县知道他有土地，就威胁说："你不为我画兰，我就给你多摊派赋役。"郑思肖大怒道："我头可断，兰不可画。"这个县官最终也未能得到他的兰花图。其奇气伟节，气贯长虹。

后来，他把家中大部分土地捐赠给了寺院，只留数亩作为自己的衣食之资，并对佃客说："我死以后，这些土地归你们所有。"他终生未娶，孑然一身，大约三十五岁时离家出走，从此，浪迹行踪，遍游了吴地的名山、道观、禅院，四十年间，写下了大量的爱国诗文，编成《心史》一书，包括《咸淳集》一卷，《大义集》一卷，《中兴集》一卷，共计二百五十首诗，杂文四篇，前后自序五篇。当时，这部书不可能刻印，所以，他在晚年的时候，重缄封好，藏于承天寺枯井中。在这部书中，他字字血、声声泪，讴歌了南宋的爱国志士，痛斥了奸臣佞徒的丑恶行径，控诉了元军对宋人的蹂躏罪行，表现了自己爱国与忠贞的感情，如在《过徐子方书塾》诗中说："不知今日月，但梦宋山川。"在题《寒菊》诗中说："宁可枝头抱香死，不曾吹落北风中。"在《与友人书》中说：

“天下皆变,吾观其不变,惟其不变,乃所以变。其变者物也,不变者道也。”这个“道”,指的就是他的操守,又说:“古人重立身,今人重养身,立身者盖超乎千古之上;养身者,惜一粟以活微命,何足道哉!”他讲的“立身”,也是指的个人的情操。他鄙视那些豺狼冠缨的贪官污吏。他深深地知道,自己这样做,在当时民族歧视极其严重的情况下,有杀身的危险,但他炽热的爱国热情又不容不吐露,正如他在《自序》中写道:“月遇逆事相忤,尤觉气豪不自禁,非不知贼之刀锯之痛,然痛有甚于刀锯者。宁忍避一身微痛,不救天下至痛?时吐露真情,发为歌诗,决生死为国讨贼之志。”这是何等的悲壮,其忠肝义胆足可千古称道,难怪近代学者梁启超,穷日夜之力,读《心史》,每尽一篇,则热血“腾跃一度”,说:“此书一日在天壤,则先生之精神与中国永无尽也。”

元朝仁宗延佑五年,郑思肖得了重病。他知道自己不久于人世了,就把好友唐东屿叫到身边,嘱咐他说:“我死之后,你替我写一个灵牌,上写‘大宋不忠不孝郑思肖’。”说罢而死,享年七十八,有《一百二十图诗集》《郑所南先生文集》《心史》流传于世,存世画迹有《国香图卷》《竹卷》。郑思肖的爱国精神如水在地,似日行空。

# 誓死守节的方孝孺

“高官厚禄世人逐，富贵荣华诚羡慕；若为守节尽可弃，惊天泣鬼方孝孺。”这是对明朝初年著名学者方孝孺的颂赞。他为了忠贞守节，不肯臣服朱棣(dì)，虽临刀锯鼎镬(huò)，犹视死如归。其悲壮事迹，足以青史永垂。

方孝孺字希直，又字希古，宁海(今浙江宁海县)人，生于元惠宗至正十七年(公元1375年)。父亲方克勤，曾担任过济宁府(今属山东省)的最高长官，政绩显著，是一个著名的廉吏。方孝孺幼年聪颖，五岁能读书，六岁会作诗，每天读书超过一寸厚度方才睡眠，十三岁写得一手漂亮文章，其文风类似韩愈，所以乡人称他为“小韩子”，十五岁以后，随父亲住在济宁，边读书，边写作，并了解一些官场之事。十九岁时拜著名学者宋濂为师，是宋濂最得意的门生，宋濂说他是“百鸟中之孤凤”，其出类拔萃如此。他很有抱负，一心以治国平天下作为自己的志向，并不介意个人的贫困，有一次病中断炊，他依然学习不辍，家人说他是书呆子，他痴笑着说：“古人还有一个月只能吃十来顿饭的，难道只我一人贫穷吗？”

洪武十五年(公元1382年)方孝孺首次被人推荐给明太祖朱元璋，朱元璋很喜欢他的谈吐举止，但却说：“此异人也，吾不能用，留待子孙为辅。”于是，以礼送他回乡。十年之后，他第二次被推荐给朱元璋，当时，朱元璋正严法酷刑整饬国家，而方孝孺则主张以仁德来教化天下，所以，仍然没有被任用，说：“今非用孝孺时。”就把方孝孺派往汉中(今属陕西省)去做教师。方孝孺到达汉中以后，兢兢业业地教授学生，整日讲学不倦，学生们都非常喜爱他。藩王蜀献王听说他很贤能，就聘请他担任了自己长子的老师，很敬重他，将他的书斋命名为“正学”，因此，后来学者称他为“正学先生”。

朱元璋一共有二十四个儿子，长子朱标早亡，但是留有后代。公元1398年朱元璋病死，帝位由皇太孙朱允炆(wén)继承，年号“建文”，帝号“惠帝”，根据朱元璋遗命，召方孝孺为翰林院侍讲，第二年又升任侍讲学士，后来更改官制，又改称文学博士。惠帝年幼，但很喜欢读书，每有疑难，就请方孝孺讲解，所以，方孝孺就成了他的顾问。他也非常亲信方孝孺，国家各种大事，都征询方孝孺的意见，有时还让他在屏前批答群臣的奏章，当时编写的《太祖实录》及《类要》诸书，都由他担任总裁官。方孝孺受惠帝如此恩遇，发誓即使肝脑涂地，也在所不惜。

建文皇帝即位不久，叔父燕王朱棣(朱元璋第四子，即后来的明成祖)就起兵反抗,方孝孺积极支持建文帝平叛,成为惠帝手下判定策略的主要大臣,朝廷讨伐朱棣的诏书、檄文,都出自方孝孺的手笔,但他毕竟是个文人,既不懂军事,又不会打仗,而朱棣在随父灭元的过程中,早已成为一名出色的军事家和政治家了,所以,朝廷军队无法抵挡他的强大进攻,建文三年(公元1401年)攻陷了河北大部分地区,第二年五月燕军就到达了长江的北岸,方孝孺想利用燕军不擅长水战的弱点,在长江上与朱棣决战,没想到水军主帅陈瑄率领战舰,投降了燕王,使得燕军顺利渡过了长江,直逼都城南京。六月十三日南京陷落,明惠帝下落不明,方孝孺被捕入狱。

当燕王朱棣领兵南下时,他的主要谋士姚广孝对他说:“城下之日,孝孺定不肯降,请勿杀他,若杀了他,从此天下无读书之人。”燕王答应了。所以,进入南京后,朱棣每天派人到狱中劝慰方孝孺,要他回心转意,为自己服务,并许以高官厚禄,可是方孝孺坚决不答应,多次商谈,都没有成功。方孝孺已经决定:“宁为短命全贞鬼,不作偷生变节人。”

燕王朱棣登基之前,特意从狱中召他前来起草诏书,他来到宫殿放声痛哭,朱棣从御榻上下来,安慰他说:“先生不要自苦,我想学周公辅佐成王。”

“成王在哪里?”方孝孺问道。

“已自焚而死。”朱棣回答。

“为何不立成王之子？”方孝孺又问。

“国家应立长者为君。”朱棣又答。

“那么，为何不立成王之弟？”方孝孺再问。

这时，朱棣已经怒火中烧了，但还是压抑了一下，勉强回答道：“这是我们家的事情。”他边回答边命左右拿来纸笔，递给方孝孺。方孝孺投笔于地，边哭边骂道：“你这个篡夺侄子王位的强盗，败坏伦理的贼臣，不忠不孝的奸徒，我只有一死，这诏书坚决不写。”朱棣被他骂得面红耳赤，恼羞成怒，吼道：“你难道不顾及你的九族吗？”方孝孺也愤怒地喊道：“便十族，奈我何？”满朝文武被方孝孺的行为惊呆了，变节投降的人觉得无地自容，贪生怕死者觉得惭愧。朱棣盛怒之下，诛杀了方孝孺宗亲九族和门人一族，共八百七十余人，方孝孺被磔(zhé，车裂肢体)而死，临死前作绝命辞道：“天降乱离兮孰知其由，奸臣得计兮谋国用犹。忠臣发愤兮血泪交流，以此殉君兮抑又何求。呜呼哀哉兮庶不我尤。”

时年四十六岁。他著有多种著作，据《明史·艺文志》著录，经部有《周礼考次目录》一卷，《孝经诫俗》一卷，《幼仪杂箴》一卷；集部有《逊志斋集》三十卷，《拾遗》十卷以及和他人选编的《续文粹》十卷。今有《逊志斋集》一书传世。

## 大义斥奸的杨继盛

在中国历史上,有一味献媚害人的谗徒,也有始终疾恶如仇的诤臣。明朝嘉靖时期的杨继盛,就是一个敢言人之不敢言的异人,他耻与恶人为伍,敢于犯颜强谏,虽身陷囹圄(líng yǔ),仍矢志不渝,使得美名传扬。

杨继盛字仲芳,别号椒山,容城(今河北容城县)人,七岁丧母,庶母待他很恶。一天,他见邻里小儿读书,也想学习,就跑去对他哥哥讲了自己的想法,哥哥不同意,经杨继盛百般争求,才勉强答应他在不停止牧牛的情况下,读书学习。家境贫寒,读书的机会又来之不易,这使幼小的杨继盛更加刻苦攻读。后经乡试,考入了当时的最高学府——国子监,以优异的成绩完成了学业。嘉靖二十六年(公元 1547 年)举进士,授任吏部主事,负责官吏任免、考课、调动等事务。他还通晓音乐,曾亲手编制过音乐律制。

这时正是明朝的中后期,国家已呈现出一派衰微的景象:政治上官吏腐败,弊端丛集;经济上剜肉补疮,财政拮据,而且边患不断。嘉靖二十九年（公元1550年），北方蒙古族鞑靼(dá dá)部首领俺答汗又率军南下，明军一触即溃，俺答兵很快地就到达了北京城下，他们烧杀抢掠，日夜不绝，蹂躏京畿达八日之久，方才退兵，广大人民遭受了巨大的损害，这就是明史上的“庚戌之变”。当时，身为大将军，握有重权的仇鸾，反而讳败冒功，被加封为太子太保。仇鸾为了保住自己的地位，一边邀功固宠，一边请求与俺答贸易，用丝帛换取马匹，遭到了杨继盛的坚决反对。他出于民族义愤，憎恶仇鸾卑鄙无耻的行径，上书明世宗，提出与俺答互市有“十不可”和“五谬”的意见，并要求惩办提倡互市的人。嘉靖皇帝命几位大臣议论此事，仇鸾挥着胳膊向杨继盛骂道：“你这小子不知俺答的厉害，应当让你去较量较量。”他给杨继盛罗织了许多罪名，密奏嘉靖皇帝，杨继盛就这样被下狱审问。终因证据不足，没有定罪，但贬为狄道(今甘肃临洮县)典史。这个地方民族众多，偏远未化。杨继盛一到这里，便先办教育，聘请教师，卖掉自己的坐骑和妻子的服饰，买下田地，以资助学生。另外，他还和解了各民族之间的关系。该县有一煤山，被番人把持，村民砍柴需到二百里以外的地方，很是不便。杨继盛得知此事，招来番人，晓以大义，要求他们允许村民在此挖煤，番人被杨继盛诚挚、有远见的话语所动，便说：“杨公即使要我们的帷帐都可以，更何况煤山呢？”由于杨继盛理民有方，使该地和睦井然，当地人也很尊敬他，称他为“杨父”。

俺答和明朝友好不久，又撕毁盟约，入内地骚扰，仇鸾贿赂俺答的奸情败露，革职后忧惧而死。嘉靖皇帝想起了杨继盛，于是提升他当了诸城县(今山东诸城市)的知县。一个月后，调到南京任刑部员外郎。这时，正值大奸臣严嵩专权，他贪污受贿，结党营私，陷害忠良。因杨继盛曾弹劾过仇鸾，严嵩又与仇鸾有宿怨，所以，他想拉拢杨继盛，为己所用，就提拔杨继盛到兵部武选司任职。可杨继盛疾恶如仇，不买他的账，上任才一个月，就弹劾严嵩十大罪状、五大奸情，这如同晴空响了一声霹雳，一时间，朝中鼎沸，议论纷纷。

在奏折中，他提到了裕王、景王，使明世宗大为震怒，这两个人是明世宗的儿子，可明世宗不喜欢他们，严嵩借此火上加油，于是杨继盛又被捕入狱。当问他为什么要提裕、景二王时，杨继盛回答说："他们俩可以作证，别人都惧怕严嵩。"结果，打了杨继盛一百杖，下刑部定罪。在行杖刑之前，有人送给杨继盛蚺蛇胆。他说："我自己有胆，要蚺蛇胆干什么！"此后，杨继盛被关押了三年。入狱后，杨继盛伤口开始腐烂。半夜，他疼得醒了过来，便打碎了一个瓷瓶，用碎瓷片割去腐肉。腐肉割尽，他又割去了挂在外面的筋。狱卒举灯在一旁看到了这番情景，手直打颤，手中的灯几乎坠落，而杨继盛气色如常。在定罪时，由于刑部侍郎王学益是严嵩的死党，禀承严嵩旨意，要定杨继盛死罪，但刑部郎中史朝宾反对，严嵩便将史贬到外地为官。刑部尚书何鳌再也不敢违抗严嵩旨意了，就按严嵩的意图给杨继盛定了罪。但是，嘉靖皇帝暂时还没想杀掉杨继盛，所以，杨继盛便被长期囚禁。铁窗生活，更加磨砺了他的意志。

日月荏苒，三年过去了，有人想营救杨继盛，严嵩的党徒胡植等人惶恐地对严嵩说："您要早作处理，养虎可为患呀！"严嵩说："好吧！"这时，都御史张经、李天宠将被处斩，严嵩随即把杨继盛的名字也报了上去，明世宗盛怒之下批复同意。杨继盛的妻子听说后，伏阙上书，要求代夫被刑，严嵩私下扣压了她的奏请。嘉靖三十四年(公元1555年)十月，杨继盛被斩于南京西市，享年四十岁。临刑时赋诗道："浩气还太虚，丹心照千古。生平未报恩，留作忠魂补。"

# 少年英雄夏完淳

三年羁旅客，今日又南冠。无限河山泪，谁言天地宽？已知泉路近，欲别故乡难。毅魄归来日，灵旗空际看。

“离家奔波三年的人啊，今天不幸成了囚徒。祖国河山沦丧，我的血泪无限，谁说天地宽阔，竟无容我之处？已知捐躯之日将近，可实在难别故乡。我刚毅忠魂归来之日，定会在空中看到战旗猎猎。”读着这对祖国、对家乡无限依恋、凄楚激昂的诗篇，我热血沸腾，思绪万千，不禁回想起少年英雄夏完淳那慷慨悲壮的一生。

夏完淳是明朝末年人，生于明思宗崇祯四年（公元 1631 年），原名夏复，字存古，别号灵胥，祖籍松江府华亭县(今上海松江县)。父亲夏允彝是江南名士，并且是松江的文人组织“几社”的领袖之一，他曾担任过长乐县(今福建长乐县)知县。为官期间，明察廉洁。他很重视对儿子的教育，常常把幼小的完淳带在身边，一有空闲，就给完淳讲述历史上那些有气节的人物故事，以此激励完淳，使他从小就受到良好的家庭教育。他的嫡母盛氏也很关心对他的教育，教他学习诗文，十余年如一日。夏完淳有一姊一妹，均能赋诗属文。

童年时代的夏完淳，就显出了聪颖，五岁能读“五经”，七岁便会写作诗文。八岁随父入京，见到著名学者钱谦益，钱对他的聪明早熟很是惊异，曾写诗赞扬过他。九岁时写成《代乳集》一书，人称神童。

夏完淳七岁那年，随父赴长乐县任途中，路过嘉善，顺便访问了后来成为他岳父的钱栴(zhān)。夏完淳知道钱栴一向不大关心时局，便在拜见时问道：“今日世局如此，不知丈人所重何事？所读何书？”钱栴没料到夏完淳小小年纪竟能提出这样的问题，只好含含糊糊地说：“我的所重所学，和你父亲差不多。”夏完淳还很喜欢与人谈论历史。当时的抗清名士陈子龙在《题钱仲子神童赋后》这篇文章中说：“夏完淳在六岁时已熟读经史，拿起笔来写议论古人的文章，很有一些道理；我常常到夏家去，好和他辩论，起初看他是小孩，同他说着玩，可是一谈下去倒也很不好对付。”

夏允彝在长乐当了五年知县。在此期间，夏完淳为了解当时局势，经常在他父亲那里看邸钞(政府的公报)。十二岁那年他回到家乡。在故乡，他拜著名爱国学者陈子龙为师，并和一些志同道合的朋友，学着父辈们的榜样，组织了“西南得朋会”，常聚在一起探讨学问，纵论国家大事，受到人们的钦佩。

明末正是多事之秋，关外满族统治者日益强大，不断与明朝开战，觊觎着明宝；国内李自成的农民军正驰骋中原，所向披靡；自然灾害又频繁出现，国家财政匮乏，真是政局动荡，社稷飘摇。崇祯十七年(公元 1644 年)三月，李自成攻陷北京，崇祯皇帝自缢而死。四月，山海关总兵吴三桂，勾引清军入关，打败李自成。五月初，进入北京，建立大清王朝。清朝统治者为了使中原各族人民臣服，采取了野蛮残暴的抢劫烧杀政策，广大人民奋起抵抗。

明朝灭亡后，福王在南京称帝，建立了弘光王朝，这就是历史上的南明政府。夏完淳的父亲被福王任命为吏部考功司主事，但由于马士英、阮大铖等奸党把持朝政，夏允彝没有赴任，而去江北史可法部筹划军事。大约此时，夏完淳和钱栴的女儿钱秦篆结了婚。婚后，他住在钱家边读书，边关注着国家形势的发展。

顺治二年(公元 1645 年)五月，清兵攻陷南京，弘光皇帝被俘，南明王朝灭亡。由于形势巨变，夏允彝决定毁家倡义，誓死抗清复明。八月，他和陈子龙等人分别联系各地的反清义军，决定在松江起兵抵抗。这时，江南有许多自发组织起来的抗清武装和尚未溃散的明朝官军。他们计划以吴淞总兵吴志葵的军队为主力，攻打苏州，切断南京和杭州两地清军的联系。吴志葵是夏允彝的门生，在夏允彝写信要求下，吴志葵率三千水军，由吴淞江入泖(mǎo)湖，向苏州进军。夏允彝和夏完淳一起参加到吴志葵的军中。父子俩积极协助吴志葵商订作战计划，部署战斗，准备攻取苏州。附近的义军也前来助战。吴志葵对攻打苏州信心不足，不积极进攻。屯兵城下一个多月后，士气涣散，清军一反攻，便败退了。八月，清军在太湖和泖湖之间击败吴志葵。吴志葵被俘后不屈殉国。夏允彝父子和陈子龙冒死突围，暂时在乡间隐蔽，待机再起。不久，夏允彝见江南义军纷纷失败，恢复明朝的希望越来越渺茫，决心以死报国。九月十七日，夏允彝自投松塘而死，死前写下了一首绝命诗："少受父训，长荷国恩；以身殉国，无愧忠魂。南渡继没，犹望中兴；中兴望杳，安忍长存……人谁不死，不泯者心；修身俟命，敬励后人。"

1646年春，苏南和浙西的义军大部分都失败了，只有吴江吴日生领导的水上义军在失败后又重整旗鼓，继续抗清。夏完淳遵照父亲的遗嘱，变卖了全部家产捐献给义军作军饷，并协助吴日生操办军务。他还同陈子龙和钱栴歃血为盟，发誓抗清到底。吴日生的义军曾多次重创来犯的清军，但不久吴日生被清嘉善知县刘肃之出卖，被捕后于六月牺牲。

吴日生义军失败后，夏完淳离开了苏南，曾到湖南等地寻找有组织的抗清武装。1647年春，夏完淳回到松江。这时，江南文士四十多人联名给浙东的鲁王政权上了一道表示抗清决心的奏疏，由夏完淳执笔。鲁王封夏完淳为中书舍人。在家乡，夏完淳同他的老师陈子龙以及其他一些抗清志士一起，搞了一些策动清军中原明朝将领反正的活动。不幸陈子龙被清军逮捕，在解往南京途中坠塘而死。一个月后，夏完淳也在家乡被清军逮捕。他拜别母亲时说："忠孝家门事，何须问此身？"表明他已有为国捐躯的决心。在被押往南京途中，夏完淳眼见国破山河在，感慨万千。过青浦时，想起先师陈子龙生前常来此地，写了一首《细林夜哭》来悼念老师。诗中写道："呜呼！抚膺一声江云开，身在罗网且莫哀。公乎，公乎！为我筑室傍夜台，霜寒夜苦行当来。"过吴江时，又写了一首《吴江夜哭》哀悼吴日生。他还写有《大哀赋》，对明末政局和南明政权的腐败，进行无情的鞭挞和揭露，是一篇感情沉痛的史诗。

在南京，洪承畴亲自出马劝夏完淳投降。在堂上，夏完淳昂首直立，不肯向洪承畴下跪。洪承畴说："你这个小孩子，懂得什么是造反。还不是被叛乱之徒拉了去的。只要你肯归顺，便给你官做。"夏完淳装着不知此人就是洪承畴，他回答说："你才是叛徒！我是大明的忠臣，怎么能说是造反呢？我听人说我朝忠臣洪亨九(洪承畴字亨九)先生在关外血战清兵而亡，我年纪虽小，要说杀身报国，不敢落在他后面。"左右的人说，堂上坐的正是洪大人。夏完淳厉声斥道："胡说，亨九先生早已为国捐躯，天下谁人不知！当时天子亲自哭祭他，满朝大臣都痛哭流涕。你是个什么东西，敢冒他的大名来玷污他的忠魂！”洪承畴被痛骂了一顿，却又无法还口。此后，夏完淳在南京狱中被关了两个多月。夏完淳在狱中饮酒赋诗，谈笑自若，与他一起被捕的钱栴，有些怯弱不振，夏完淳鼓励他说：“我们今日同死一处，以见陈公(指陈子龙)于地下，不也是伟男子吗！”钱栴在他的言行影响下，也坚定起来了。夏完淳在《狱中上母书》中写道：“人生孰无死？贵得死所耳。父得为忠君，子得为孝子。含笑归太虚，了我分内事。”这年九月，夏完淳与钱栴等人在南京西市英勇就义，年仅十七岁。临刑前，他泰然自若，昂首挺立，展示了一个少年爱国志士的英雄气概。今有《夏完淳集》八卷流传于世。

# 行己有耻的顾炎武

顾炎武，原名绛，明亡后改名炎武，字宁人，自署蒋山佣，学者称他为亭林先生。江苏昆山人。生于明万历四十一年五月二十八日(公元 1613 年 7 月 15 日)，卒于清康熙二十一年正月初八(公元 1682 年 2 月 14 日)。

顾炎武是明末清初与黄宗羲、王夫之齐名的大思想家和学者。他在清代学术界享有独特的地位，被梁启超称为“清学开山”。他的成就，表现在三个方面。其一是提倡做学问应“经世致用”，反对宋明理学空谈“心、理、性、命”，开清代朴学的学风。其二是“实事求是”的治学方法。顾炎武治学，谦虚谨慎。他不仅下苦工夫勤奋搜集资料，而且不耻向人请教，发现有错，立即改正，不护前失。尤其是他常通过自己的亲身经历来求实证，为后来乾嘉考据学派所不及。其三是他参政经训史迹，重视音韵，述说地理，精研金石文字，为后人开辟了广阔的学术途径。他一生留下五十多种著述，其中《日知录》《音学五书》及《天下郡国利病书》是不朽的学术名著。

顾炎武为人治学以“博学于文”“行己有耻”为宗旨。所谓“博学于文”的“文”,并非仅仅指文章而言,因为“自一身以致于天下国家,皆学之事也”。在顾炎武看来,立身处世,待人接物,以致于天下国家,都是“博学”的对象。“行己有耻”,便是做人要保持人格的尊严。顾炎武认为,人格不立,做一切学问都是废话。他认为做人最忌圆滑,最重要的是保持方严。顾炎武提出“博学于文”“行己有耻”的为人治学宗旨,是针对宋明以来学者动辄教人以明心见性、超凡入圣而来的,这些人大多将书本束之高阁,而拿着几本朱程语录滥唱高调自欺欺人,不仅对“经世致用”的学问一窍不通,而且行为往往放荡而失检点。明末国难当头,他们不能救国家于危难之中,面对异族入侵,只能束手无策,有的甚至还成为屈膝投降的无耻之徒。顾炎武痛恨宋明以来这种不切实际的虚玄学风。他认为,读书人不把耻字放在首位,则为无本之人。如果不好古而多闻,就是空虚之学。以无本之人而讲空虚之学,那将离正道愈来愈远了。

顾炎武一生的学术特色,以“博学于文”四字概括,最为恰当。他从十一岁起,便苦读《资治通鉴》等史书。他为纂辑《天下郡国利病书》,共阅读了一千多部书籍。其勤奋好学,正如他弟子潘耒在《日知录》序中所说:“先生精力绝人,无他嗜好,自少至老,无一日废书。”顾炎武治学严谨,尤重搜集材料,他曾把积累原始资料比做“采山之铜”,意即非极其用功不可。他作《音学五书》，其中为证明“行”(xíng)古音读若“杭”(háng)，列举了三百六十四条证明材料，还附加了对相异情节的分析，可见他的严谨学风。他不仅注重书本知识，还重视实地调查，足迹遍天下，所到之处，结交贤豪长者，考察山川风俗疾苦利病。清初学者全祖望曾说：“先生所至，呼老兵逃卒，询其曲折，或与平日所闻不合，则即坊肆中发书而对勘之。”顾炎武在著述工作中，以道德为重，当发现古人已先我而有，就删削掉。他著述审慎而且虚心，弟子潘耒请刻《日知录》，他觉得自己读书太少，见闻不够，要再等十年。他还常拿自己的著作向人请教，一得到别人的指正，便欣喜不已。他说：“人之为学，不可自小，又不可自大……自小，少也；自大，亦少也。”他一生做学问便这样不骄不躁，勤奋不已。

顾炎武一生，时时未忘“行己有耻”。对他一生品行影响最大的是他的嗣祖和嗣母。他嗣祖自幼严格督导他勤奋好学，并告诫他做学问要“经世致用”，断不可虚浮。他嗣母是一个典型的贞孝女子，有些学问，常拿爱国人物的爱国事迹激励他。清兵入关，她绝食而死，遗嘱要顾炎武“弗事二姓”。此事对顾炎武震动很大，他终生严守母训，绝不仕清。

康熙十七年(公元1678年)，清朝特开“博学鸿儒科”，征召海内名儒，顾炎武当时名满天下，时人多推荐他，但他坚辞不出。后清朝开《明史》馆，两度请他撰修《明史》，他都拒绝。他给

《明史》馆总裁叶方蔼的信中说“七十老翁何所求？正欠一死，若必相逼，则以身殉之矣”，他以死相拒，以全志节。

顾炎武评述自己生平说：“某虽学问浅陋，而胸中磊磊，绝无阉然媚世之习。”他是南方人，游历北方二十多年，结交学术名流或抗清志士，绝不趋炎附势于豪门贵族。他为人方正，常以“松柏后凋于岁寒，鸡鸣不已于风雨”来自勉。人格中，他最重一个“耻”字，他说：“礼义廉耻是谓四维，四维不张国乃灭亡……然而四者之中耻为尤要，故夫子之论士曰行己有耻，孟子曰：‘人不可以无耻，无耻之耻，无耻矣’，又曰‘耻之于人大矣，为机变之巧者，无所用耻焉！’所以然者，人之不廉而至于悖礼犯法义，其原皆生于无耻也，故士大夫之耻谓之国耻。”所以，顾炎武向来严格要求自己，他身处明末那种风气腐败的社会，却能出污泥而不染。他的外甥徐乾学、徐元文年少时由他抚养和教育，后来他们都做了清朝的大官，要迎顾炎武南归安度晚年，顾炎武无论如何都不肯。有一次徐氏兄弟请他吃饭，入座不久，他便要起身回住所。徐氏兄弟请求他吃完饭以后张灯送他回去，他正色道：“世间惟有淫奔纳贿二者皆于夜行之，岂有正人君子而夜行乎。”他用这种讽刺的口吻拒绝徐氏弟兄的接待。他甚至对居住的地方，也要经过一番选择。他晚年之所以居住在陕西华阴，就是因为“秦人慕经学，重处士，持清议，实他邦所少”。

顾炎武是极有气节的爱国者，他亲自参加过抗清斗争。对图求荣华富贵而屈膝投降的民族败类，顾炎武不屑一顾。他曾因财产纠纷而入狱，降清官僚学者钱谦益想借顾炎武的名声粉饰自己，说只要顾炎武发他一张门生帖子，他便可以帮忙让顾炎武出来。顾炎武的好友归庄救友心切，便私下里给了他一张。顾炎武知道后，立刻索取，并说若钱不退还，他便要四处贴通告声明真相。顾炎武宁肯坐牢，也不愿让一个士林败类破坏自己的声誉。

顾炎武虽与清朝统治者采取不合作态度，但他并未忘记关心人民生活疾苦。他确信改造社会，是学者的天职，所以他说“匹夫之心，天下人之心也”，也就是今天所说的“天下兴亡，匹夫有责”。他一生著书立说，都是致力于此。他早年编的《天下郡国利病书》便是要探讨“民生之所以日贫，中国之所以日弱而趋于乱”的原因，至于撰写《日知录》，也是为了能经世治用。

顾炎武的一生不只限于“博学以文”，更值得钦敬的是他的“行己有耻”的品格。他不仕清朝，甚至拒绝征聘性的学术工作和在清朝居高位的亲外甥的款待；但他绝不避世遁居，仍然积极周游山川要隘，结合文献记载，作“经世致用”的学问。他不仅以“行己有耻”严格要求自己，而且还以此勉励友人。顾炎武的明耻品格将与他的学术造诣并辉于人间，为后学树立了楷模。

# 烧车御史谢振定

清朝到了乾隆时期可说是达到了鼎盛，但它又正是清朝由盛趋衰的转折点。乾隆前期凭借清初建朝以来近百年的国力积蓄和康熙、雍正两朝的苦心经营，为乾隆帝施展统治才能提供了充分优越的条件，所以，乾隆帝即位后不久就从各方面来表现自己的雄才大略。他首先调整统治政策，针对雍正朝的种种败政，处理大量积案，对绅衿和官吏实行宽猛相济的政策，对一般农工平民作适当让步，缩小一点剥削分量，严厉打击反对派和平定叛乱。由于政策和措施的有力和适当，巩固和发展了清朝的专制统治，使清朝政权出现了极盛的局面，把自己推向了所谓“英主”的顶峰。但是，就在乾隆帝志得意满傲视一切而陶醉于自己的事功时，却掩盖着一些由盛转衰的矛盾和弊端。

乾隆中期以后，统治阶级内部斗争日益明显，为强化文化专制主义而制造文字狱，禁毁图书以禁锢人民思想，官吏颟顸(mān hān，糊涂不明)贪污，吏治日趋奢华腐败。这些都在加速这个政权的滑坡，尤其是随着岁月的推移，乾隆帝骄傲自满的情绪加速度地膨胀，奸佞的臣工们更是阿谀奉承，使乾隆帝快步走向前期励精图治的反面。他骄奢淫逸，任情挥霍，穷兵黩武、滥施征伐，意志衰退日甚一日。及至晚年更是江河日下，特别是吏治废弛，各级官吏贪污勒索，加重了社会危机，人民生活非常痛苦而纷纷反抗，整个政权已显露险象。这些恶果，固然应由乾隆帝自负，但他所宠幸的佞臣和珅对乾隆晚年的败政确是起到了推波助澜的恶劣作用。

和珅本来只是个随侍乾隆帝左右的小臣，但是由于言辞便捷，善于阿谀逢迎，讨乾隆的欢心，所以博得乾隆帝宠信厚遇，在仕途上平步青云，飞黄腾达，逐步由下僚提升到重臣。乾隆四十年代以后，和珅在国家政治生活中的地位和作用开始上升，到乾隆五十年代以后，随着乾隆帝老境来临，倦怠政务，对和珅的依赖更进一步发展。和珅便利用乾隆帝贪财好货，喜爱排场的心态，勒索财货供乾隆帝任意挥霍，同时又倚恃窃取到的权柄，抬权纳贿。乾隆帝不仅给和珅政治上的最大权势，还不惜下嫁爱女结成儿女亲家。这种出乎异常的恩遇，使和珅无所顾忌地擅作威福，豪华奢丽，拟于皇室，而使路人侧目，甚至和珅的家奴刘全也成为炙手可热的权势人物。许多正直的官员和士人都很愤慨，上书揭发，但得到的是自己的败诉甚至丧命的可悲结局。有一位陕西的老学究曾上书极言和珅怙宠卖权的劣迹，乾隆帝不仅不查处和珅的罪行，反而使上书人遭到灭门的灾难。当时有一位著名的监察御史曹锡宝还不敢直接触怒和珅，而只是检举和珅的家奴刘全恃势营私，所用的衣服、车马、居室有超越规定的事实。曹锡宝在举劾前曾与同乡友人吴省兰商量过内容，不料无耻文人吴省兰是和珅的私党爪牙，他敏锐地嗅到劾刘全是扳倒和珅的气球，于是卖友求荣，派专差到热河密报正陪乾隆在行宫游乐的和珅，同时赶快通知刘全毁掉不合规定的服用器物，结果查无实据。这个被人出卖的曹锡宝连承认错误都来不及，便被指斥为据无根之谈，发书生拘迂之见。因为是言官，还须装点广开言路的伪装而从宽给曹锡宝以"革职留任"的处分。另一个监察御史钱沣因不满和痛恶和珅的所作所为，准备上奏，结果遭到和珅的毒害而死。这些冤案直到嘉庆亲政后才得到昭雪。这些言论上的反对都触怒了和珅而受到迫害，所以更难以有行动上的作为。就在这样险恶的环境下，竟然出现一位敢于当众给和珅以难堪的人，确乎难能可贵而值得钦敬，这个铮铮铁汉就是为后世所传诵的烧车御史谢振定。

谢振定，字一斋，一字香泉，湖南湘乡人，乾隆时人。他在乾隆四十五年经过苦读力学和层层考试，终于考取了进士，取得了进入仕途的阶梯。由于他比较年轻和富有文采，所以被选入庶吉士馆进行培养，一年后散馆被任命为翰林院编修这一清要职位。三年以后，谢振定又被任命为监察御史，奉命去巡视和考察南方的漕运利弊。当他巡视到扬州一带漕运情况时，发现漕船阻塞难行。漕粮是清政府的经济生命线，漕运受阻则仓粮不能充实，影响很大。谢振定设法除去关卡的苛索，解除漕船争先恐后的慌乱，正巧又遇到南风助行，使漕船顺利北行。漕丁们解除了困境，又赶上顺风的助力，为了感念谢振定的关心，把这阵风称为“谢公风”。

乾隆六十年，谢振定迁任兵科给事中，这是一种负责纠正违反制度和不利封建统治行为的官职。有一天，谢振定巡视京城的东城，见到有一辆不符合乘车人身份的违制车在大街上飞跑，吓得路人纷纷逃避，惊恐不安。谢振定派人拦获后加以讯问。哪里知道乘车的人正是和珅的妾弟。这个倚仗裙带关系乱逞威风的恶少，不但不赶快认错，反而出口不逊，恶语伤人。这要是一般官吏或胆小怕事，或保全禄位，都会大事化小、小事化了，悄悄地了结。偏偏遇到这位硬骨头的铁汉，不仅对和珅的妾弟痛加鞭笞，而且还在通衢大道把一辆奢靡华丽的车子当街烧掉。他一面烧车，一面还非常机智地说：“这辆车已被小人玷污了，哪里还能让尊贵的宰相去坐呢？”这种笑骂使得和珅既痛惜车子被烧，又无词去责问，只得暂时咽下这口气，等待报复的机会。不久，和珅的党羽王锤健领会和珅的意图，制造其他借口，弹劾谢振定，免去了谢振定的职务。直到嘉庆五年，和珅倒台后，谢振定才重被起用，先后任礼部主事、员外郎和主管漕粮的监权工作，对整顿漕粮的兑运工作又有所兴革。嘉庆十四年，这位不畏权势的官员辞世而去，给人间留下了一身正气。

道光中叶，谢振定的儿子谢兴峣任河南裕州知州，因政绩突出受到道光帝的接见。谢氏籍贯湖南，但说了一口纯正的北京话，引起道光帝的兴趣，便问他原因，谢子说因父亲谢振定曾任官京师。道光帝非常惊讶地说："你就是那个烧车御史的儿子吗？"于是又讲了许多勉励的话。第二天，道光帝见到军机大臣时，还兴致勃勃地说："我年轻时就听说过烧车御史的故事，昨天正见到他的儿子。"为了嘉奖谢振定的风骨，他的儿子谢兴峣被擢升为叙州知府。

和珅权倾内外，威临臣民，几乎已达到顺之者昌，逆之者亡的地步，许多官员有志气敢于触动者遭到残害，怯懦无操守者，依附谄媚，而谢振定既有胆识与权奸搏击，又能机智地抓住机会羞辱奸人而保全自己，确是不可多得的刚劲铁汉。谢振定的烧车壮举在当时一度轰动九城，否则，深居宫廷的年轻皇子为什么能知道，并在几十年后犹有如此深刻的印象呢？

## 虎门销烟的林则徐

清道光十九年四月二十二日(公元1839年6月3日),在广东东莞的虎门海滩有成千上万的人在围观销毁鸦片毒品的壮举,主持这一惊天地、泣鬼神伟业的便是揭开中国近代历史光荣史篇的民族英雄林则徐。

林则徐,字元抚,后字少穆,清乾隆五十年七月二十六日出生于福建侯官,官至巡抚总督、钦差大臣,是清朝很出色的能员干吏,政绩卓著,为百姓所颂扬。他在广州所主持和领导的禁烟运动和抗击英军的行动使他成为名垂青史的英雄人物,被后世所讴歌。

英国侵略者在19世纪30年代利用鸦片贸易达到了对中国贸易的出超地位。鸦片并不是一般的正当商品,它的大量输入等于向中国的美好肌体内注射着毒液,不仅严重地破坏中国的财政金融和人民的经济生活,而且还腐蚀和毒害中华民族的精神和躯体。有些吸毒者残害了自己的身体,家破人亡,妻离子散,造成许多令人痛心的悲剧。

这种严酷的现实理所当然地激起中国人民的抵制,清政府也日益感到威胁,社会产生了剧烈的变动,而毅然站到反对外国侵略者前列的则是林则徐。

林则徐由于出身在对海外接触较早较多的福建省,比一般封建官吏开明通达。嘉庆十一年他二十二岁时,曾为维持家计,应厦门海防同知房永清之聘去厦门作幕。他亲眼看到厦门地方鸦片走私和烟毒泛滥的情况,吸毒者已为数不少,其害处已被人所认识,当时有人曾总结了吸毒九弊说:“丧威仪、失行检、掷光阴、废事业、耗精血、荡家资、亏国课、犯王章、毒子孙。”林则徐可能注意到“可怜流毒遍东南”的严酷现实而加以观察和研究。

林则徐是当时最早持严禁鸦片态度和实行抵制的官员之一。道光三年,林则徐任江苏按察使时,经过认真考察了解吏治民风,并寻找“病根”所在。他已经从实践中认识到鸦片的毒害,把“开设烟馆”者列为“游手好闲之民”,是社会不安宁的一种病根,而要“密防严拿”。道光十二年六月间,英船阿美士德号在东南沿海一带进行侦察活动,当时任江苏巡抚的林则徐即估计其中夹带鸦片毒品,准备进行走私,所以拟定没收、焚烧等对策,但由于清廷庸懦,担心“别生枝节”而没有采取强硬措施。当时,鸦片毒害已逐渐明显,许多官员士子纷纷陈说利害,林则徐在道光十三年的一份奏折中表达得最为激烈,他根据鸦片大量输人，白银大量外流所造成的危害，指明这是一种“谋财害命”的行为，而烟毒为害于国计民生更是“尤堪发指”。同时，他提出了严禁鸦片，查拿烟贩的具体章程。这是第一份查禁鸦片的正式奏折。

鸦片烟毒日益泛滥，道光十七年时英国输华鸦片有34 373箱，实销28 307箱，成为历年有数字可据的最高实销额，吸毒者上自达官贵人，下至平民百姓都有不少人沾染恶习，走私活动日益猖獗。清廷朝野上下已经有所震动。道光十八年以黄爵滋为代表的严禁主张正式提出，并掀起了一场禁与弛的大争论。林则徐积极地支持了黄爵滋的严禁主张。他先提出“禁烟六策”，继而又上《钱票无甚关碍宜重禁吃烟以杜弊原片》。这是禁烟运动中极为重要的著名文献。林则徐在考查和研究各种社会情况后，向最高统治者从民族危亡和经济枯竭两方面提出了严重的警告说：“若犹泄泄视之，是使数十年后，中原几无可以御敌之兵，且无可以充饷之银。”这种警告不能不引起道光帝的重视。与此同时，林则徐还在湖广总督任上进行禁烟的实践，七月间，他在湖广地区搜缴了烟土、烟膏12 000余两，烟枪1 264杆。九月间，他又查验和销毁烟枪1 754杆及烟斗、烟具等，以及烟土、烟膏共16 768两。林则徐采取这些雷厉风行的手段效果极为良好，不仅贩毒者敛迹，吸毒者改过，而且还得到烟民家属的感戴。当林则徐途径道衢时，有老人妇女在路旁叩头称谢，感念对他们儿子、丈夫的挽救。危及统治的隐患和禁烟实践的效果进一步推动道光帝的禁烟决心,决定召林则徐进京。

道光十八年十月十一日,林则徐离开湖广总督任所,启程进京。十一月初六日,林则徐在直隶安肃县与由北京回保定的琦善晤面。琦善知道林则徐将被起用为查禁鸦片的大员,一则嫉恨林的地位将超过自己,二则念念不忘过去林则徐查办过他的河工失职的宿怨,三则与自己不赞成严禁鸦片的政见不合,所以便以“无启边衅”(不要挑动对外战争)的危言来威胁林则徐。当时人雷瑨一眼看穿琦善的用心,所以在所著的《蓉城闲话》中评论此事说:“论似公而意则私也。”林则徐当然也敏锐地察觉到,为了顾全礼貌,也只是漫不经心地敷衍一下罢了。

十一月初十,林则徐抵京,从次日起到十八日止,连日召见共八次,议论的中心问题是禁烟对策。终于林则徐被授予钦差大臣的荣衔,到广州去查禁鸦片。这一消息传到广州,包庇走私和贪污受贿的官吏“都惊惶万状”,鸦片贩子们也都惶惶不安。林则徐一路上廉以律己,访问贤达,决心彻底清除烟毒。道光十九年正月二十五日,林则徐抵粤,受到文武官员的欢迎,也引起了鸦片贩子的惊慌。林则徐雷厉风行地制定政策,发布文件,采取行动,责令鸦片贩子缴烟。他表示了鸦片一日不绝,自己就一日不回的决心。但是,英国侵略者做出了错误估计,他们指示鸦片贩子乘夜逃遁,拖延缴烟活动。林则徐并未因此畏缩,果断地给侵略者以严厉的制裁:决定封舱,停止贸易,撤回为外国侵略者雇佣的华工,断绝食品用水,加紧防守要隘。由于林则徐的措施得当,虽然英国侵略者妄图要弄诡计,但终于被林则徐严厉刚正所慑服,不得不缴烟。从道光十九年二月二十九日至四月初六日,林则徐将应缴烟土全部收清,共计 19 187 箱又 2 119 袋,经核实较原报上缴数尚多 1 000 多袋,禁烟成绩十分辉煌。林则徐为防止销毁这大批毒品过程中可能发生的纰漏,缜密地制定了销毁计划和措施。

林则徐在虎门海滩的高处挑挖两池, 每池十五丈见方,池底铺石,四旁栏桩钉板,不让它有渗漏的空隙,池前临海面开一涵洞,池后通一水沟,池岸四周,树立许多栅栏,中间设棚厂数座,供文武员弁监视销烟的办公处所。销烟的办法是,销烟前先从沟道引水入池,撒盐成卤,然后把一个个圆球式的烟土切成四瓣,投入卤水中,浸泡半日,再把整块烧透的石灰抛入池内,立刻池水沸腾,对鸦片烟土进行销蚀。同时雇佣一些人夫,站在池面架起的跳板上,用铁锹反复戳碎烟土,使之颗粒不存,等到退潮时,开放涵洞,烟土随水送往大洋,销烟池放净后,再清刷池底,使毒品不留渣滓。为了保证进程,两池轮番使用。傍晚以后,就封锁栅栏,并派人巡逻,以防坏人去偷刮残土。开始几天,由于操作不熟练,每天只能销毁三四百箱,几日后就达到日销近千箱的程度。

道光十九年四月二十二日(公元 1839 年 6 月 3 日),林则徐主持的销烟工作在虎门海滩轰轰烈烈地开始,广东地方主要官员都亲临监销。五月七日,外国传教士和商人等都来参观销烟,经过反复考察销烟过程和结果,承认这是一项极为认真的工作,不得不到亲临现场的林则徐座前摘帽敛手,以表示畏服之诚。销烟经过近二十天,直到五月十一日,销烟工作胜利完成,这一壮举宣告中华民族在面临外国侵略者欺辱时,不是俯首帖耳,任人宰割,而是愤然崛起,表现出一个民族应有的巍然气概。这一壮举也向全世界宣告全国人民的高尚情怀与纯洁意志。林则徐正以这一壮举作为其一生业绩的代表而赢得其应有的历史价值,而为后世所讴歌与尊崇。

## 抗日英雄柯铁

1895年,中国在甲午战争中战败。作为《马关条约》的一部分,清政府把我国的宝岛台湾割让给日本。此后,日本帝国主义霸占、蹂躏台湾达五十年之久。直到1945年抗日战争胜利,台湾才返回祖国的怀抱。在被占领的五十年中,台湾的抗日烽火从未停息过。在初期的反入侵斗争中,台湾人民就表现出中华民族不畏强暴的英勇精神。从他们中间,涌现出许多民族英雄。

1895年4月17日《马关条约》签订后不久,日本侵略者即开始入侵台湾。台湾巡抚唐景崧只打算逃跑,不积极组织抵抗,前线将士军心涣散。6月4日,日军攻占基隆,唐景崧撇下台湾军民逃回内地。7日,日军进占台北。14日,日台湾总督桦山资纪在台北成立总督府。台北失守之后,台中的一些守将也纷纷弃地不顾,相继内渡而逃。这样不仅使台中空虚,台南也因此势成孤立,很难坚守。在这种困难的形势之下,不甘心当亡国奴的台湾人民自动组织起来,他们在徐骧、姜绍祖、吴汤兴等人领导下,成立了抗日义军,担负起保家卫国的重任。他们同刘永福的黑旗军一起，英勇地抵御日军的南进，在激烈的战争中给予日军重创。但终因敌我力量悬殊，10月21日，台南陷落。刘永福乘英船逃回厦门。11月，日军占领台湾所有重要城镇，宣告“全台平定”。

但“平定”只是侵略者的一厢情愿，台湾人民并没有停止反侵略斗争。在台湾中部的许多零散的抗日武装中，有一支由柯铁领导的游击队，尤为英勇。

柯铁的家乡在台湾中部的大坪顶山中。他是造纸手工业工人，当时只有二十二岁。他身手矫健，平常喜欢打猎，枪法很好。日本侵略者打来了，他和十几个同乡到山里躲避。侵略者又打到山里来了，柯铁忍无可忍，拿起猎枪打击侵略者。

1896年5月，日军又一次进攻大坪顶，大坪百姓避入山内部尾庭村。民族英雄柯铁就是在敌人的这一次进攻中武装起来反抗敌人的。当时日军有三百人，使用先进的武器，而柯铁仅只身一人，有十二杆同伴们丢下的猎枪，十袋子弹，猎枪中还有八杆是陈旧不能使用的。但他却凭着勇敢和机智，打退了数百敌人的进攻。

柯铁的这一胜利，增强了大坪人民的抗敌勇气。十几个山民聚集在他周围，建立了一支游击队。队员们佩服他的勇敢，称他为“铁虎”。

两天以后，日军前来报复。柯铁率领他的游击队和数十名山民，埋伏在树林中。日军过去一半之后，柯铁先将日军截成两段，使其首尾不能相顾。接着率众出击，一举击毙日军守备队长两人，士兵五十余人，又一次粉碎了敌人的进攻。

但柯铁游击队的胜利，却使部尾庭村长张考感到不安。他害怕日军的报复行动会危及他的家产，于是便派人劝柯铁解散了游击队，并向伪政权报告说“土匪”(指游击队)已远走。日寇不但未接受张考的妥协，反而杀了他的哥哥和侄子。张考这才和柯铁合作，重建了游击队。

1896年6月18日，日军集中多处兵力，再次进攻大坪顶。柯铁领导大坪游击队用埋伏战的战术打击敌人，毙敌军官数人，士兵三百余人，负伤逃归之敌更多。

这次胜利后，柯铁在游击队和山民中的威信更高了。他们称大坪顶山为“铁国山”，并树起了反侵略的战斗旗帜——“铁国旗”。这时台北简大狮，台南(今高雄)林小猫，中路(即台湾中部)柯铁虎，不约而同，各建旗鼓，谓之“三猛”。柯铁领导的游击队成为抗击日军的一支重要力量。

1896年11月，日寇开始对大坪顶山实行经济封锁，“禁山内外交易”。大坪游击队和百姓一面坚持生产，一面截夺民间交纳给日军的粮食，粉碎了敌人的经济封锁。

1897年1月，日寇对大坪顶山施行了准备已久的“清剿”。这次“清剿”和“反清剿”的斗争持续了一年之久，经历了三次主要战斗。

1897年1月5日，日寇披藤斩竹，夜间至大坪顶，企图以突然袭击战术消灭大坪游击队，但大坪游击队已转移，山上只留十四人。日寇到大坪顶，十四人已经越山而去，日寇乱搜到天明无结果而回撤。柯铁乘机指挥大坪游击队英勇追击，毙敌一百六十余人。

七天后，日寇五千余人“分四路上山”。柯铁率游击队隐蔽进内山，避敌锋芒。1月21日夜，游击队袭日军营地，等敌军援兵开到时，柯铁等便收其辎重，再次入山。

这两次战斗以后，日寇见突击不能取胜，便改用长期围困的办法。1897年春，日寇开始围困大坪，历时近一年之久。1898年1月2日夜，大坪游击队趁日军渐渐松懈并且兵力渐渐分散的机会，向围困的日军发起突然进攻。他们用大批火器向日军营地轰击，日营无不受火，山头万火齐明，山半暗处多设埋伏，日军有的死于火，有的遇伏中枪，有的坠落深谷摔死，幸存者都仓皇逃去。

武力镇压不能奏效，日寇便从1898年以后改用招降的办法。游击队中的一些原“乡绅”“耆老”主张投降，大部分游击队员也听信了日寇的许诺。柯铁等人虽极力反对投降，但终究未能阻止。1900年，日寇基本解除了台湾全部抗日军的武装。此后，日寇就暴露了凶残的真面目，各地原抗日军首领纷纷遇害。

1900年5月1日,日军第二师团屠杀了柯铁及其部下。

柯铁最初只是一个普通的造纸工人，在民族危难时刻,他奋起抗争,并在斗争中成长为出色的抗日武装领袖。他率领大坪游击队与敌人战斗达四年之久,最后献出了年轻的生命。柯铁的英名将永远留在全中国人民的心中。

## 蹈海取义的陈天华

1905年12月8日，在日本东京大森海湾，年仅三十岁的陈天华蹈海自杀，引起国内外的强烈反响。陈天华是近代资产阶级革命出色的宣传家。三十而立之年，正当风华正茂，却为何要结束自己宝贵的生命？是因人生的迷惘，抑或对革命前途失去了信心？一时众说纷纭。

其实陈天华在留下的《绝命辞》中就表露了采取蹈海行动的真实意愿。他说："惟留学生而皆放纵卑劣，则中国真亡矣……鄙人心痛此言，欲我同胞时时勿忘此语，力除此四字(注：指放纵卑劣)，而做此四字之反面：'坚忍奉公，力学爱国'。恐同胞之不见听而或忘之，故以身投东海，为诸君之纪念。"又说："中国去亡之期，极少须有十年，与其死于十年之后，曷若于今日死之，使诸君有所警动，去绝非行，共讲爱国，更卧薪尝胆，刻苦求学，徐以养成实力，丕兴国家，则中国或可以不亡。此鄙人今日之希望也。"可见陈天华用心之苦。在《绝命辞》中，他还为中国兴旺出谋划策，希望国家能日益强大起来。

纵观陈天华一生的言行，那么他采取蹈海自杀这种激烈行为也就不足为怪了。

陈天华，生于1875年，原名显宿，字星台、过庭，号思黄，湖南新化人。自幼家境贫寒，父亲是乡村塾师，故他从小读过不少书。他最喜欢的是民间流行的话本弹词，那些通俗易懂的爱国人物事迹，每每激发他的爱国激情，年少时就以光复汉族为念，遇乡人称道胡、曾、左、彭功业的不仅鄙弃不顾，而且还面有愧色。陈天华早就以异族统治为耻。

在陈天华看来，中国历史上只有元朝灭宋、清朝灭明才是真正的亡国，而其他各朝的更替，只能说是换朝，而不能说是亡国，因为天下终究还是汉人的。本来汉人的天下，却让满族人占了，汉族人做了二百多年亡国奴，大家竟然还无动于衷，这已是奇耻大辱，更何况"我中华，原是个，有名大国……论方里，四千万，四洲无比；论人口，四万万，世界难当；论物产，真是个，取之不尽；论才智，也不让，东西两洋……照常理，就应该独霸称王。"可是，"为什么，到今日，奄奄将绝；割了地，赔了款，就要灭亡。"所以，陈天华大声疾呼"耻呀！耻呀！你看堂堂中国，岂不是自古到今四夷小国所称为天朝大国吗？为什么到如今，由头等国降为第四等国呀？外国人不骂为东方病夫，就骂为野蛮贱种。中国人到了外洋，连牛马也比不上。"而且，"哪知把中国比各国，倒相差百余级，做了他们的奴隶还不算，还要做他们的牛马；做了他们的牛马还不算，还要灭种，连牛、马都做不着。世间可耻可羞的事哪有比这还重的吗？我们于这等事还不知耻，也就无可耻事了。唉！伤心呀！”陈天华痛恨国人还不觉醒。

招来国家和民族如此耻辱的原因，陈天华以为是吴三桂、洪承畴之流贪图荣华富贵，投降卖国；是曾国藩、左宗棠之流认贼作父，自己残杀自己的同胞；是叶志超之流对自己同胞狠毒异常，一碰到洋人就贪生怕死，落荒而逃。对这些人，陈天华“只恨我无权无力，不能将这等自残同种的混帐王八蛋千刀万段，这真真是我的恨事了”。还有读书人，只知空谈“忠孝”两全，却不顾皇位上坐的是谁，恐怕是洋人，也会高呼“圣皇”。“这奴种，到何日，始能灭亡！”中国人竟落到这种地步，“做官的只晓得贪财爱宝，带兵的只晓得贪生怕死，读书的只晓得想科名……上中下三等人，天良丧尽，廉耻全无，一点知识没开，一点学问没有……国家被外国欺凌到极处，还是不知不觉，不知耻辱，只知自私自利。瓜分到了目前，依然欢喜歌舞……无耻的人，倒要借外国人的势力欺压本国，随便什么国来，都可做他的奴隶。”所以陈天华高呼“望皇祖告诉苍穹，为汉种速降下英雄”，希望救天下于水深火热之中。

陈天华既痛恨国人的麻木，又寄希望于国人团结起来，“雪仇耻，驱外族”。只要大家明白“没有国哪有家”的道理，去掉私心，当官的尽忠报国；当兵的舍生取义；读书的敢说敢干，带头争先;穷的舍命,富的舍钱;不管是新党还是旧党,不管信的是何种宗教,不管是男人还是女人,大家抱成一团,“前死后继,我汉种一定能建立极完全的国家,横绝五大洲。我敢为同胞祝曰:汉种万岁！中国万岁！”(《警世钟》)

陈天华的思想和言行表现出狭隘的民族主义观念,过分强调满汉的对立,是有一定的历史局限性的,但他却把短暂的一生,献给了国家和民族的兴亡。“国不安,吾不娶”,个人的幸福他已顾不上了。而且,他早已置个人生死于度外,“人生终究一死,只要死得磊落光明。救同胞而死,何等磊落,何等光明”！在这国家民族危难当头之时,与其舍生怕死,做亡国之奴,行尸走肉,还不如“做雄鬼,为国争光”。

1903 年,陈天华去日本留学,不到一个月,爆发拒俄运动,他毫不犹豫地参加“拒俄义勇队”,准备上前线与俄军拼一死活。后因故未能成行,他便开始挥毫撰写《猛回头》《警世钟》等文章,想以此来唤醒国人的爱国之心。

拒俄运动遭到清政府的野蛮镇压,陈天华愤懑焦虑,寝食不安。当沙俄大量增调军队侵入东北,国难日亟,陈天华闻讯“如痴如狂,如孤儿弱女之新丧考妣,奔走彷徨于故旧间,相见无一语,惟紧握友人手,潸潸然涕泪交横而已”。继而,陈天华咬破手指,奋写血书,备述亡国惨祸,寄回国内。

1904 年 9 月,陈天华从日本回国,与黄兴等人策划在湖南长沙起义，后因起义计谋泄露，遭到清廷追捕，陈天华正襟危坐待捕，并沉痛地说："事不成，国灭种亡，活着也同死了一样，何必求活命呢？"经友人力劝，他才勉强离开，以留身待时。陈天华再次去日本求学。

1905 年 10 月，日本政府颁布《清国留学生取缔规则》，公然干涉中国留学生的自由。留学生团结起来，一致罢课，以示抗议。日本各报肆意嘲讽，讥为"乌合之众"，《朝日新闻》公然诋为"放纵卑劣"。留学生更加愤怒，准备全体罢学回国。但因大家观点不一致，对罢学回国出现意见分歧。为了鼓励留学界，坚持一心，贯彻始终，使日报种种诬陷伎俩不能得逞，这一次，陈天华终于采取以死抗争的方式，蹈海自杀，为国家和民族的中兴，他献出了自己年轻的生命。

# 附篇

## 贪婪误国的伯嚭

相传有一种名叫饕餮(tāo tiè)的恶兽,非常贪婪,吞吃食物,不惜性命。有一天在吃人的时候,它恨不能一口吞下,结果卡住了嗓子,被噎(yē)死了。后来,人们把贪婪凶恶的人称为“饕餮之徒”。春秋末年,吴国的权臣伯嚭(pǐ),就是这样一个人物。

伯嚭的曾祖父伯宗是晋国的大臣,祖父伯州犁于公元前576年避难来到楚国,大约在公元前517年被楚平王杀死,伯嚭怕受株连,便逃到了吴国。在此以前,楚平王曾杀害了伍子胥的父亲和哥哥,伍子胥比伯嚭更早地投奔到吴国。阖闾做了吴王之后,立志逐鹿中原,建立霸业,于是招贤纳士,聚集人才,就任命了伍子胥为行人,即负责外交事务的官员,伯嚭也当上了大夫这一级的大吏。从此,他和伍子胥一起为吴国效力,图报杀亲之仇。

吴国偏居东南,西边与楚国接壤,南面与越国为邻,东部及东北部濒临大海,阖闾要想去中原争霸,既要把西边的道路铲平,也得解除后顾之忧。因此,楚、越两国成了他首先攻击的目标。从公元前512年起，阖闾率大军与伍子胥、伯嚭一起，连年伐楚，同时也南下击越，真是烽火不息，战争频仍。因为此时的吴国正处于蓬勃发展时期，士气非常旺盛，所以，连战皆捷，使得这两个国家十分畏惧。在这期间，伯嚭的贪性随着地位的显赫而日益暴露出来，久而久之，国内外的人都知道了他很贪婪。

公元前506年的冬天，阖闾倾全国之师，在伍子胥、伯嚭的直接率领下，联合唐、蔡两个小国，进攻楚国。他们一路以摧枯拉朽之势，闯关夺城，五战五胜，楚军被打得落花流水，最后终于攻陷了楚国的国都郢城(今湖北江陵县西北)，此时当政的楚昭王逃之夭夭，伍子胥和伯嚭便掘开了楚平王的坟墓，鞭挞了平王的尸体，以宣泄杀亲之愤。

当阖闾坐在楚国宫廷大排酒宴、犒劳三军的时候，快马来报：越军偷袭了吴国，留守部队战败。这时，秦国也正发兵救楚，阖闾之弟又自立为王，阖闾不得不班师回国。九年之后，阖闾兴师伐越复仇，结果又败于槜(zuì)李，阖闾也受了重伤，当晚含恨而死。

阖闾的儿子夫差继承了王位，伯嚭被任命为太宰官，成了百官之长，辅佐夫差处理国内外的大事，从此，人们称他为太宰嚭。夫差为了替父报仇，让太宰嚭日夜操练人马，待时机成熟伐越。公元前494年，吴、越战于夫椒(今江苏吴县西南)，越军惨败，越王勾践被困于会稽。勾践为了东山再起，愿意答应一切条件和吴国讲和，夫差闻听，召集众大臣进行商议，伍子胥站出来说："吴、越势不两立，有吴则无越，有越则无吴。勾践非真心臣服，我们应当趁此机会吞灭了越国，否则，后果不可设想。"为了挫败伍子胥的主张，勾践的谋臣文仲说："听说吴王的太宰伯嚭很贪心，又深受夫差的宠信，我们可以贿赂他，让他劝说吴王和我们讲和。"于是，勾践用美女、宝物让文仲暗中献给太宰嚭，太宰嚭见此，欣喜若狂，收下人、物，马上带着文仲去见夫差。文仲对夫差说："希望您能赦免我们，我们愿将越国所有的宝物献给您。"夫差无所表示，太宰嚭马上说："越国已经臣服，如果我们赦免了他们，天下的人就会说我们宽容大度，这对我们吴国是很有利的。"夫差听信了他的劝言，终于下了决心，同意讲和，然后罢兵归去。

此后，吴王夫差挥戈北上，与齐争霸，不再把越国当成主要的敌人。越王勾践一方面勤苦治国，另一方面策划削弱吴国的力量，同时，多次贿赂太宰嚭，太宰嚭贪得无厌，有贿必受，然后，日夜在吴王夫差的耳边讲越国的好话，使夫差完全放弃了对勾践的警惕。

伍子胥越来越清楚地看到，勾践一定要复仇，所以多次劝夫差先把越国消灭了，然后再北击齐国。无奈夫差已被胜利冲昏了头脑，根本不听伍子胥的劝告，太宰嚭也不断地在夫差面前讲伍子胥的坏话，因此，伍子胥的忠谏反被看做是扰乱法度的妄言。夫差逐渐地疏远伍子胥，而更加信赖太宰嚭了。

太宰嚭既受越之贿，就得为越办事，在是否灭越这个问题上，他屡次反对伍子胥的主张，二人矛盾日益加深，于是他开始陷害伍子胥。这天，吴王夫差为了排除伍子胥的劝谏，让他出使齐国，伍子胥临行前对儿子说："我屡次劝吴王当心勾践，他都不听，将来吴国肯定要为越国所灭，你和吴国一起灭亡没有意义，不如随我去齐。"就这样，他把儿子留在了齐国。不料，这件事被太宰嚭派去监视伍子胥的探子知道了，就报告给了太宰嚭，太宰嚭总算抓到了陷害伍子胥的把柄，如获至宝，急匆匆来到宫中，对吴王说："伍子胥为人强暴、寡恩，他怨恨您不听他灭越的劝告，装病不和您一起去伐齐，又把儿子托于齐国。您想想，他连父兄都不顾，还能顾大王您吗？希望您早做准备。"发昏的夫差居然听信了他的谗言，等伍子胥刚一返国，夫差就逼迫他自杀了。从此，太宰嚭就独揽了吴国的大权。

越王勾践经过十年生聚、十年教训，凡二十余年的艰苦奋斗，国势强大起来。公元前482年正当吴王夫差与中原诸侯在黄池(今河南封丘县西南)会盟的时候，勾践乘机发动了对吴国的进攻，经过近十年的战争，终于在公元前473年灭掉了吴国。尽管太宰嚭跪倒在越王勾践面前乞求活命，勾践恨他内不忠其君，外受重贿，还是把他杀掉了，这就是贪婪、妒贤、误国者的可耻下场。

## 陷害同窗的庞涓

司马迁在《史记》的《太史公自序》篇中写了这样几句话："孔子厄陈、蔡，作《春秋》；屈原放逐，著《离骚》；左丘失明，厥有《国语》；孙子膑脚，而论兵法……"他一口气点出了历史上七个著名人物在遭到厄运的情况下顽强著述的事迹。其中孙子一语，讲的是我国古代军事家孙膑在被刖刑(砍去双脚)之后，撰述兵书的故事，而他的遭难完全是由同窗庞涓陷害的。

庞涓和孙膑共拜鬼谷子为师。同学兵法，两人都很努力，可是每次测验，庞涓的成绩都略逊于孙膑，庞涓佩服之余稍有些妒忌。但两人毕竟整日同窗而学，又尚在苦读之中，没有什么根本的利害关系，所以，相处得还比较融洽。

这时，正是战国时期，列国之间恃强凌弱、以大吞小的兼并战争连年不断。为了在角逐中战胜对手，求得生存，各国都在广泛招揽人才，锐意富国强兵。庞涓和孙膑经过几年的刻苦攻读，已满腹文韬武略，二人都想向天下一试自己的才能，于是，就各奔前程了。孙膑回到了自己的家乡齐国，等待时机出山。庞涓不久就得到了魏惠王的招用，他凭借着学到的本领，率领着魏国的军队南征北讨，东挡西杀，取得了一个又一个的胜利，旋即成了一个闻名遐迩的骁将，并被魏惠王提升为将军。庞涓自认为攻无不克，战无不胜，天下无敌手。可是，在战争之余，他一想起孙膑来，就有些不安，一种不快的情绪便油然而生。他很担心孙膑成为其他国家的谋臣，那样，有朝一日和他对起垒来，他就难以抵挡了。“不行，我得想法除掉他，不然后患无穷。”庞涓这样想。这时的庞涓为了求荣逐利，已抛弃了朋友的情义，把多年的同窗当成了仇敌，他要陷害孙膑。

一天，有一位不速之客前来拜见孙膑，并交给孙膑一封庞涓的亲笔信，信中讲自分别后，他如何想念孙膑，希望孙膑来魏国畅叙别后之情。孙膑看罢非常高兴，他早就听说庞涓取得了很大的成就，真心为有这样的同窗而骄傲。老同学相邀，盛情难却，第二天，他就同来人奔赴魏国了。

庞涓见到孙膑，十分恭敬，口称师兄，热情款待。两人一连谈了几日，仍有才见之感。交谈中，自然涉及了魏国的一些情况及战例。回到馆驿后，孙膑每次都要做一下简单的追记，留做军事素材，以便日后进行研究。不料，有人说孙膑是奸细，来魏国刺探情报。魏惠王听说后，立即下令逮捕了孙膑，不容解释，就判了死刑。亏得庞涓竭力相救，孙膑才免去一死，改判刖刑，并在脸上刺了字。孙膑见自己成了这个样子，悲痛欲绝，庞涓苦苦劝解，仔细照料，才使孙膑重新鼓起生活的勇气。庞涓请他为自己写一部兵书，总结一下自己的战争经历。孙膑答应了，他要以此回报庞涓的救命之恩。他哪里知道，这一切都是庞涓精心策划的。孙膑的忠厚、善良感动了庞涓手下的一名贴身侍卫。有一天，侍卫把这一切都告诉给了孙膑，孙膑仍不相信，问他庞涓为什么还要搭救自己。侍卫回答说："等您写完这部兵书，他就要把您杀掉了。"孙膑恍然大悟，他立即烧掉了已写的兵书，决定逃离魏国，报仇雪恨。经过一番波折之后，孙膑终于回到了自己的祖国，经过齐国大将田忌的推荐，孙膑做了齐国的军师。

公元前354年，庞涓率领八万人马，浩浩荡荡，杀向赵国，第二年，拔下了赵国的首都邯郸，赵国向齐国求救。齐国正好想借此机会，扩大自己的影响，于是就派田忌为帅，孙膑为军师，带领齐兵，前去救赵。庞涓一听孙膑带兵来援，心中打了个寒战。他想一定得和孙膑在邯郸交战，就提前做好了充分的准备。可是，孙膑并没有直接到赵国攻打他，而是采用兵法上"攻其必救"的原则，率军直捣魏国的首都大梁(今河南开封市西北)。当庞涓接到快马来报，说"齐军包围了首都，国君让您迅速撤军救援"时，心说："糟糕，我怎么忘了兵法上'批亢捣虚'的战术了呢。"于是，急速撤军，兼程奔魏。就在庞涓回兵的必经之路——桂陵(今河南长垣县西北)这个地方，孙膑设下了埋伏。当庞涓到达这里时，由于长途跋涉，已经疲惫不堪，齐军突然袭击，魏军大败，庞涓在战斗中也被生擒。这就是历史上著名的“围魏救赵”之战。

齐、魏两国经过谈判之后，达成协议：魏国同意归还赵国的邯郸，齐国放回庞涓。

公元前342年，庞涓率军攻打韩国，韩国也向齐求救。齐又派田忌、孙膑前去救援。庞涓凭借他的人多，想一口吞掉齐军，于是追着与齐军决战。但孙膑并不急于和他开战，进入魏地后，孙膑巧妙地采取退兵减灶的计策，诱敌深入。他命令齐军第一天筑十万灶，次日减为五万，第三天又减为三万，给魏军造成一种逐日减员的错觉。庞涓赶来看到这种情况，不禁笑道：“孙膑呀，孙膑！就算你会用兵，可惜你的士兵不争气，他们全都逃跑了，你还怎样打这仗呢？”于是，他不仅看不起孙膑，更轻视齐军。他抛下主力部队，率领少数精锐将士兼程尾追。孙膑料定他将在当晚到达马陵(今河南范县西南)，马陵道路狭窄，旁多险隘，孙膑埋伏了一队人马，他们均手持弓箭。此时夜色沉沉，魏军赶到后，见一棵大树阻住去路，庞涓令人举火移木，只见树上写着“庞涓死于此树之下”，尚未读完，埋伏在附近的齐军“见火举而俱发”，立刻万箭齐发，魏军大乱，死伤惨重。庞涓自知“智穷兵败”，遂拔剑自杀了。这个嫉贤妒能、求荣忘义的庞涓，得到了应有的报应。

## 指鹿为马的赵高

秦朝末年的阴谋家赵高，由于在历史上演过“沙丘之变”和“指鹿为马”的丑剧，至今仍为人所熟知。人们一提起秦朝的迅速灭亡，总要和他联系起来，他的确是秦朝的灾星。

赵高是战国时赵国远支宗亲的后代，因其母有罪，他们兄弟几个从小都受了腐刑，所以，社会地位卑贱。可这种刑罪也给他带来了仕进的机会，他可以到宫廷服侍皇帝、皇后等人。秦始皇很重视实际才能，不计较出身的高低。有人说赵高的力气很大，而且精通法律，秦始皇听说后，就把他找来，一试果然是真的，觉得整天让他干一些生活琐事有点儿屈才，就提拔他做了掌管宫廷车舆的中车府令。秦始皇万万没有想到，他的江山日后会败亡在这个赵高手中。

秦始皇三十七年(公元前 210 年)，秦始皇最后一次巡视天下，至沙丘(今河北巨鹿县东南)病重，同行的有左丞相李斯、秦始皇的小儿子胡亥，还有赵高及其他护卫人员，赵高是以中车府令兼管符玺(皇帝发布命令的印信)的身份随行的。秦始皇在病危时，让赵高代写了遗书，召还正在带兵守边的长子扶苏来首都咸阳料理后事，并继承帝位。遗书还没有发出，秦始皇就死了。当时，只有李斯、赵高、胡亥和五六个宦官知道秦始皇已死，李斯担心秦始皇没有正式立太子而会引起争夺帝位和社会动乱，便封锁了秦始皇的死讯。赵高借此上窜下跳，左右游说，演出了一场场诳骗、阴毒的丑剧。

赵高很善于用心计，他既会见风使舵，也会知人心理。秦始皇活着的时候，很宠爱公子胡亥，他就暗地里巴结胡亥，和胡亥关系很好。现在秦始皇死了，他一心想让胡亥当皇帝，自己也好攀缘而上，可遗诏并没有立胡亥为帝，于是，他就先后跑到胡亥和李斯那里，利用他们贪图私利的心理，引用历史和现实的情况，反复游说，来说服他们篡改遗诏，夺取帝位。在他的诳劝下，李斯和胡亥终于同意改写诏书。他们三人商定，诡称秦始皇临终前命丞相李斯立胡亥为太子；同时，把赐给扶苏遗书的内容改为："扶苏、蒙恬在外戍边十余年，无尺寸之功，屡次上书诽谤，扶苏为子不孝，蒙恬为臣不忠，两人均赐死。"就这样，扶苏糊里糊涂地丧了命，蒙恬怀疑其中有诈，不肯就死而入狱，这就是历史上的"沙丘之谋"。

李斯等人很快回到了咸阳，发丧之后，胡亥立为二世皇帝，赵高爬上了主管警卫皇宫的高级职位——郎中令，成为秦二世的亲信。一天，秦二世把他叫到身边说："人生很短暂，我现在已做了皇帝，想要尽性享乐，长有天下，以终天年，你看能行吗？”赵高随声附和说：“这只有贤明的君主才能做到。”然后话题一转，挑拨说：“沙丘之谋，诸公子及众大臣都有怀疑，诸公子都是陛下的哥哥，众大臣又都是先帝任命的，他们心里不服，恐怕要闹乱子。蒙恬虽被囚禁，但他的弟弟蒙毅还领兵在外，我日夜担忧，唯恐有变，陛下怎么能尽心欢乐呢？”秦二世急忙问道：“那怎么办？”赵高毒辣地说：“只要实行严酷的刑法，消灭众大臣，疏远亲兄弟，近卫都换上陛下的亲信，这样，陛下才能高枕无忧，随意享乐。”昏庸透顶的秦二世居然很赞同赵高的计策，立即赋予他生杀大权。于是，蒙氏兄弟首先罹(lí)难，接着他在咸阳杀了十二位公子，在杜(今陕西西安市东南)又磔(zhé)死了十位公主，受株连的人不可胜数。此后，法律越来越严，诛罚的人也越来越多，群臣人人自危，想叛乱的很多。这时，秦二世又继续营建秦始皇生前未完成的阿房宫、直道、驰道，致使赋税越来越重，兵役、徭役无休无止，人民如处水火之中。最后，终于爆发了陈胜、吴广领导的农民起义。

赵高自当上郎中令之后，杀人很多，他怕万一有人把这些事告诉秦二世，对他不利，就对秦二世说：“天子所以尊贵，是因为群臣只能闻其声而不能见其人。陛下还年轻，不是对什么都精通，一旦在朝廷上处理事务有不当的地方，就会在大臣面前出丑。所以，您最好深居宫中，有事我先和熟习法律的人研究，然后再作决定。这样，大臣们既不敢随便奏事，天下人更称您是圣主。”秦二世听了，觉得很有道理，从此便不再坐朝理事，一切事情全由赵高决断，众大臣甚至连李斯都见不到秦二世。

随着官职的晋升，权力的增大，赵高的野心也越来越大，他开始谋害李斯，企图将权力集于一身。

一天，赵高跑到李斯那里说：“现在群盗并起，皇上还贪图享乐，我想进谏，可地位卑贱，这正是您应该做的，您为什么不去劝劝皇上呢？”李斯答道：“我早就想进谏，可是总见不到皇上。”赵高马上说：“您真的要进谏，我可以帮忙，等皇上闲暇时，我通知您。”当秦二世在宫中玩儿得正开心的时候，赵高便派人通知李斯，李斯果然前来奏事，使秦二世大为扫兴。这样一连三次，秦二世大怒，问赵高：“我没事的时候，李斯不来，等刚一玩儿到兴头儿上，李斯就来奏事，他到底想干什么？”赵高趁机说：“他参与了沙丘之谋，您做了皇帝，而他没得到任何好处，所以，他很不满，要割地为王。他的长子是三川郡(治所在今河南荥阳市东北)太守，听说和陈胜等人勾结。”真是竭尽陷害之能事！后来，他又说李斯想篡位，秦二世一听，马上让赵高收审李斯，赵高把李斯的宗族、宾客全逮捕了。

在审讯李斯的时候，赵高严刑拷打，楚毒备至，李斯痛不可忍，只得屈认自己想要谋反。但李斯并不甘心，在狱中给秦二世写信，辩解自己没有反心，希望秦二世派人重审此案。赵高将其奏书扣留,使人诈称是秦二世派来的官员复审李斯,李斯信以为真,实情相告,来人诬他胡说,酷刑相加。后来,秦二世真的派人来了,李斯怕挨打,再也不敢讲实话了,结果,被腰斩于咸阳,夷灭了三族。

李斯死后,赵高当上了中丞相,并封为武安侯,独揽了大权,秦二世完全成了他手中的傀儡。现在,赵高要进而代替秦二世称帝,他怕群臣不服,就想出了一个办法,来检验自己的威信。这天,秦二世在宫中正和众大臣商量事情,赵高命人牵来一只鹿献给秦二世,指说是一匹最好的千里马。秦二世被弄得莫名其妙,揉一揉眼,仔细看了看,笑着说:“丞相,你错了,这是只鹿。”赵高让大臣们回答,大臣中有的说马,有的说鹿,有的默不作声。事后,说鹿的全被赵高杀了。从此,“指鹿为马”便成了意为混淆是非、颠倒黑白的成语而流传后世。

秦二世不能辨别鹿马,以为自己真的糊涂了,便到御苑上林进行修身反省。不久,赵高又借秦二世在狩猎时射杀一人的事情,要他远离宫中去避灾,秦二世果然去了。

三天之后,赵高派他的女婿担任咸阳令的闫乐率领一千多人,杀进了秦二世避居的望夷宫,逼秦二世自杀。此时秦二世如梦初醒,责怪身边一个宦者,为什么不早告诉他赵高是奸佞之徒。这个宦者说:“正因为我不敢说,所以才活到今天,早讲的全被杀了。”秦二世不想死,要求见赵高,被拒绝;要求做一郡之王，被拒绝；要求当个万户侯，也被拒绝；最后他要求当个普通老百姓。闫乐不耐烦了，挥兵进逼，秦二世只得自杀了。

赵高佩带上玉玺，要当皇帝，然而百官不从，只好立秦二世的侄子公子婴为秦王，要子婴斋戒五日，在宗庙受玺。子婴认为，赵高并非诚意立他为王，可能要在宗庙里杀死他。于是，就和他儿子密谋了一番，决定托病不去受玺，等赵高请他来时，乘机杀死赵高。赵高果然亲自来了，一进斋宫，被立即处死。行骗了一辈子的人，结果也被骗了一次。四十六天后，秦王朝也灭亡了。

## 吮痈求宠的邓通

正史中多有《佞幸列传》这部分内容，里面记载的都是依靠谄媚而得到皇帝宠幸的人物。邓通在《史记》和《汉书》中均被列入《佞幸传》。那么，他是怎样不知羞耻取媚皇帝的呢？

邓通是汉文帝时人，祖籍蜀郡南安(今四川乐山市)，只因擅长划船戏水，就做了侍从皇帝的黄头郎。郎官是汉代侍从皇帝的最低级官员，因这些人划船时头戴黄帽，所以称黄头郎，受到皇帝的宠信。某天，文帝梦中想上天，可就是上不去，忽然有一人从后面推了他一把，文帝才徐徐升起，回头一看，但见此人倒穿着衣服。醒后到宫中渐台默默巡视着与梦中相缘的人，发现邓通衣服倒穿，与梦中所见无异。于是把他叫到跟前，问他叫什么，邓通答后，文帝暗忖："邓不就是登吗？看来此人可以助我。"从此，文帝对他非常宠爱，不仅赏赐他十数万钱，而且还提拔他做了上大夫，可谓尊宠备至。文帝还经常便服到邓通家中游玩，可是邓通没有任何才能，武不能安邦，文不能治国，又不肯荐贤举士，只是一味小心地献媚汉文帝。有一天，文帝又来到邓通家里，忽听门外有人相面，文帝让相者给邓通看看，相者相后说，邓通将来一定是贪饿而死。文帝岂肯相信，便很高傲地说：“我可以使邓通富贵，他怎么会受穷呢？”为了证实这一点，文帝把蜀地严道(今四川荥经县)的一座铜山赐给了他，并允许他自行铸钱，这简直是独一无二的特权，于是，“邓氏钱”遍布天下。后世也以“邓通”之名作为具有财富的代称。难怪司马迁在《史记·佞幸传》一开头，就引用谚语说：“力田不如逢年，善仕不如遇合。”意思是说，勤奋种地，不如遇上好的年头儿，有才能善于为官，也不如碰上好的机遇。

这天，文帝背上长了一个痈疮，化了脓，疼痛难忍，邓通为了取悦文帝，居然用嘴吸吮文帝的疮脓，真是无耻之尤。文帝有些困惑，产生了联想，便问邓通：“你说天下谁最爱我？”邓通回答说：“当然是太子了。”等到文帝的儿子(即后来的汉景帝)前来探视时，文帝让他用嘴吸脓，太子嫌脏，面有难色。后来，他听说邓通曾为父亲这样做过，很是惶恐，对邓通就产生了厌恶的情绪。

公元前156年，文帝死了，景帝即位，想起当年吸痈之事，立即罢免了邓通的官职，并且将他逐出首都长安，遣归原籍。邓通回到家乡，不肯安分守己，偷偷地到远方私铸钱币，妄想恢复往日的富贵，结果被人告发，景帝将他逮捕下狱。经审讯，果有此事，于是进行处罚，首先抄了他的家，然后进行罚款清查，他欠国家数万钱。文帝的女儿、景帝的姐姐馆陶公主对邓通起了怜悯之心，赐给邓通一些东西以便生活，可人们都非常憎恨邓通过去的为人，负责审查邓通的官吏，一见邓通还有东西，不容解说，便没收抵债，连他头上的一根金簪(zān)子，也做了抵押品。馆陶公主见此，只得让人借给邓通一些衣服、食品，这样就不会被没收了。最后，邓通身无分文，死在了别人的家中，这似乎验证了相者的话。实际上，所有依靠侥幸取宠的人是不会得到好结局的。

班固在《汉书·佞幸传赞》中总结说，尽管像邓通这类人贵重人臣，“然进不由道，位过其任，莫能有终，所谓爱之适足以害之者也”。就是说，佞幸者不是凭品质和才能仕进的，所担任的职务又超过了他们的能力，这就很自然不会有好结果，与其说使他们得到一时的宠爱，不如说是害了他们。

# 酷虐枉法的杜周

自古以来,凡居大位、握重权者,一旦不秉公持正、依法办事,定会造出许多的冤屈。汉武帝时期的杜周、身为法官,却枉法断案,暴虐酷烈,在当时就受到了人们的斥骂。

杜周是南阳杜衍(今河南南阳市西南)人,和司马迁同时,年纪略长于司马迁。从外表看,他反应有些迟钝,而且不善言谈,可心地尖刻狠毒。当时,有一个叫义纵的酷吏,在南阳做郡守,听说杜周为人刻薄,就特意聘请他当了爪牙,从此开启了他的暴虐生涯。杜周办理案件,其残酷程度比义纵有过之而无不及,很受义纵的青睐,义纵就把他举荐给了御史大夫张汤。张汤也是一个执法严酷的人,经过测试,对杜周深通法律很满意,就让他在最高司法机构廷尉中当了一名小官。

当时,汉朝正和北方的匈奴族连年交战,有些镇守边疆的官员,贪生怕死,不负责任,使国家蒙受重大损失。武帝想惩罚一下这些人,就把这个任务交给了张汤。张汤马上把杜周找来,对他说:“你去调查一下,哪些官员因渎职使百姓被虏,牲畜、仓廪遭劫,处理后,上报朝廷。”杜周的钦差大臣的身份到达后,稍加调查,就进行了判决,他轻罪重罚,重罪处死,杀了许多人,然后向朝廷写了一份报告,讲他是如何认真调查、公平处置的。武帝看后,对他办案精炼很满意,就提升他做了负责监察的御史中丞官。他在这个位置上干了十几年,前后不知枉杀了多少人。

后来,他又担任了廷尉一职,成为国家的最高法官。他大权在握,办案也就更加暴虐酷烈。最为可恶的是,他很善于掌握汉武帝的意图,汉武帝对谁不满,他就想方设法进行陷害,而武帝想要开释某人,即使罪证确凿,他也会说是冤案。久而久之,人们不仅说他有豺狼之心,而且还知道他唯皇帝之意是从。有一天,他的一个客人问他:“你身为最高法官,为天下人评判是非,为什么不以事实为依据,按律判处,而专门看着皇上的脸色行事呢?难道说判案历来都是这样吗?”杜周笑了笑,赤裸裸地回答道:“法律是怎么制定出来的,还不是前朝的皇帝认为这样做对,就定为法,后代的皇帝认为那样做对,就定为律,各随所好恶,随时、随事而定,哪有什么永久固定的法律?”一语道出了他判案的标准。在这种情况下,怎么会不枉杀好人呢?

据史书记载,自杜周任职廷尉后,他一年要审理一千多个案件,每次捉人少者数十,多则数百,前后捉了六七万人,上至郡守、县令,下到黎民百姓,各阶层的人都有。如此众多的案件,使他增加了十几万的审理人员。判案的时候,完全按照奏上来的报告决断，不再复查，谁若不服判决，就严刑拷打，强迫承认。后来，有人一听说要被捕，交付杜周审理，就赶快逃走，藏匿起来。逃匿之人十几年不敢露面，并互相转告说："杜周还没有死，我们千万别暴露。"但是，枉法的杜周却青云直上。汉武帝认为他奉公无私，又任命他为掌管京师治安的最高长官——执金吾。天汉之年(公元前98年)他又登上了御史大夫的宝座，四年之后，他便在人们怨愤诅咒中结束了残虐的一生。

杜周以一个文墨小吏，最后位至三公，他是踏着许多人的血迹爬上去的。他在廷尉供职的时候，家中仅有一匹病马，到他担任御史大夫时，不仅子孙为官，而且家资数万。可见，他不仅是个酷吏，而且还是个贪官。

## 祸国殃民的“十常侍”

中华民族的历史，有过极其光辉灿烂的时代，也有过暗无天日的年月。东汉中后期，特别是汉桓帝、汉灵帝统治时期，其黑暗、腐败的程度，简直无法形容。造成这种局面的原因与桓、灵二帝的昏庸和“十常侍”的暴戾恣睢(zì suī)有直接关系。“十常侍”指的是桓、灵时期的十二个宦官，他们是张让、赵忠、夏恽、郭胜、孙璋、毕岚、栗嵩、段珪、高望、张恭、韩悝、宋典，因为这十二个人都担任了侍从皇帝的中常侍官，为取其整数，才有此称。

宦官在我国早已有之，他们都是刑余之人，由于丧失了性能力，所以能够在皇宫中服侍皇帝、皇后、诸妃的起居饮食及其他闲杂事务。宦官干预朝政，扰乱天下，东汉首开其例。

东汉自第四任皇帝汉和帝开始，到汉献帝，其间共传十帝，这十位皇帝全是幼年登基，最小的汉殇帝仅出生一百多天，最大的汉桓帝也不过十五岁，在这种情况下，便出现了母后临朝掌握政权的局面，从而导致了外戚专权。所谓外戚专权，指的是皇帝的母族或妻族擅权秉政。外戚专权，往往结党营私，任人唯亲，自然压抑了皇权。小皇帝长大后，便要夺回统治权，于是依靠宦官铲除外戚。这种状况在东汉中后期反复出现，愈演愈烈，宦官每次胜利，都会换来地位提高，权力加大，到了桓、灵时期，他们的权势达到了顶峰。这便是产生宦官干政的温床。

宦官与外戚的政争，之所以都以宦官的胜利而告终，是因为他们得到了皇帝的支持，控制了禁军。由于他们不能单独执政，所以，他们便利用手中的权力，为所欲为，搅得天下乌烟瘴气，最后，终于倾覆了东汉王朝。

东汉末年，自然灾害频繁，黎民身处水火，而桓、灵二帝置若罔闻，仍醉生梦死地享乐。桓帝穷搜天下美色，食尽人间佳品，耳穷郑、卫之声，目极仙境之观。灵帝即位后，在奢靡方面比桓帝有过之而无不及，而且，他贪财无厌，把国家的财政收入大量转为私有，公开卖官鬻爵，还巧立名目，搜刮民脂民膏，他常抱怨桓帝不会聚财，没给他留下丰厚的财产。他把搜刮来的钱财一部分藏在宦官家中，一部分用来在老家河间(今河北献县东南)买田建房。他对宦官宠信倍至，常称："张常侍(指张让)是我父，赵常侍(指赵忠)是我母。"真是滑稽可笑。

"十常侍"见主子如此昏庸，就竭尽逢迎之能事，讨主子喜欢，主子满意了，任你胡作非为，他佯装不知。俗语说得好，上行下效，主纵奴恶，既然你奢侈无度，贪得无厌，又给我这样的宠遇，我就不客气了，于是，“十常侍”像一群饿狼，吞噬(shì)天下。

因为他们手中有权，所以就骄横淫逸，胡作非为。他们抢人妻女，作为自己的妻妾；霸人田地，尽占天下肥田。张让一人，占有京畿诸郡数百万亩良田，其他宦官也是沃田遍野，牛马满山。他们还竞相乞子买儿，以便立嗣传爵；广建宅舍，富拟宫室。灵帝有登高远眺的嗜好，“十常侍”怕灵帝发现他们的楼阁超越规定标准，便对灵帝说：“国君不应登高，登高则百姓离散。”此后，灵帝不敢再上台榭。这些宦官有食不完的佳肴美酒，享不尽的珍宝玉器，穿不竭的丝绸锦缎，歌童舞女，广备绮室，倡讴伎乐，列于满堂，连他们的狗马也穿上了华丽的衣服，土木披上了绫罗的盛装。

因为他们手中有权，所以就敲诈勒索，中饱私囊。灵帝中平二年（公元185年）南宫起火，半月方息，“十常侍”借口修建，强加天下租税，并调发太原、河东等地(今山西中南部)木材石料。材料运来后，他们吹毛求疵，横加挑剔，宣称不合规格，强行折价出售，由他们先行购买，致使宫室连年不成，各地长官继续征调，人民苦不堪言。不仅如此，他们连中央大员也敢勒索，张让私下里向当时担任左车骑将军的皇甫嵩要钱五千万，皇甫嵩没有给他，便被撤了职务。

因为他们手中有权，所以就自相封赏，随意授官，他们的亲属、子弟、宾客布满天下，外则为郡守县令，内则任尚书、九卿，甚至连贿赂他们的一些地痞无赖,也得到了一定的官职。这些人横行乡里,贪如饕餮。张让有两个弟弟,一个叫张舆,一个叫张朔,分别担任了阳翟县(今河南禹县)和野王县(今河南沁阳市)的县令,在地方上贪赃枉法,滥杀无辜。张朔曾残暴地杀死怀孕的妇女。张让有一个管家奴,仗着张让势力,为非作歹,有一个名叫孟佗的富商,贿赂这个家奴,这个家奴问孟佗想得到什么,孟佗回答说:“我什么都不需要,只要你当着众人拜我一拜。”有一天,贿赂张让、要求他举荐的人很多,都等在门外,车子塞满街巷,孟佗故意来迟,这个管家奴带领众奴前来接他,两旁宾客见此非常吃惊,以为孟佗和张让关系非同一般,纷纷用珍宝贿赂孟佗,以求举荐。孟佗将其所得分送张让,张让荐他做了凉州(治所在今甘肃张家川县)刺史。赵忠的弟弟赵延,是京城守门校尉,和赵忠内外呼应,控制京师。真是:一人得道,鸡犬升天。

因为他们手中有权,所以就随意罗织罪名,陷害他人。少数正直、敢于讲话的官员,对“十常侍”的做法不满,向桓、灵二帝上疏,要求罢斥宦官,权归政府,桓、灵二帝对这些奏折,不是置之不理,就是向宦官泄露。“十常侍”知道后,怀恨在心,不择手段地俟机报复。翻开《后汉书》的桓帝、灵帝纪,能看到记录因反对宦官残破天下而被害死的人屡屡出现,有三公九卿,也有贫民百姓,其他遭“十常侍”谗言而降职、罢官、流放、戍边的人,更不可胜数。他们害人有方,如谏议大夫刘陶,为人儒雅尚德,屡次向桓、灵二帝进言，陈述治国之道。黄巾起义爆发后，他又向灵帝陈述要急八事，主要讲天下大乱皆由“十常侍”恶行所导致。“十常侍”知道后，一起向灵帝说：“现在天下很太平，但刘陶仇视您的政令，妖言惑众，地方不努力剿贼，恐怕是刘陶与黄巾通情的缘故。”“通贼”这个“罪名”谁担当得起？于是，刘陶和另一个反对“十常侍”的官员陈耽，便双双死于狱中。还有一个名叫向栩的官员，也是这样被诬害死的。

“十常侍”制造的最大的冤案，被害人之多，牵涉人之广，要属“党锢事件”了。

宦官的黑暗统治，使得民变蜂起，动摇着东汉的政权，部分官僚和士人深为忧虑。由于宦官把持了选拔官吏的大权，堵塞了士人正常的仕途，使士人极为愤恨。当时有人激愤地写道：“顺风激靡草，富贵者称贤，文籍虽满腹，不如一囊钱。”国家的命运和个人的前途同样渺茫，就促使一部分官僚和知识分子(包括太学生)对当时的政局提出尖锐的批评，而宦官则诬陷他们互相串通，结成死党，诽谤朝廷，扰乱社会。桓帝于延熹九年(公元166年)下令逮捕“党人”，许多知名人士纷纷被捕，后虽被赦免，将他们全部罢官归家，但终身禁锢，不许做官，这就是历史上的第一次党锢事件。

党人经过这次事件，反而深受社会敬仰，他们互相激励，与朝廷权贵、宦官的对立情绪更加激烈。灵帝时期，担任山阳郡

(今山东巨野县南)督邮的张俭,举劾中常侍侯览在家乡抢人田宅妻女,楼舍逾制。侯览将公文扣压,与"十常侍"诬告张俭结党。这案子又逐渐牵连到以前的党人,于是,灵帝于建宁二年(公元169年)下令大肆逮捕党人,李膺、范滂等百余人死于狱中,流放、罢官的共达六七百人,连他们的亲戚、学生、属吏都一并免官禁锢,这是历史上的第二次党锢事件。这次打击面更宽,惩治手段由桓帝时的禁锢变为杀戮。

卑鄙无耻,能够高官厚禄;高尚廉洁,只有死路一条。那是一个黑白颠倒的社会,是一个充满谎言、邪恶、败国蠹政的时代,当时有人哀叹道:"真不知后世圣人用什么方法来拯救治理这个社会,也不知这种状况何时终结。"

物到极时终必反,多行不义必自毙,祸国殃民的"十常侍"绝不会有好下场。灵帝死后,外戚何进独揽大权,他要尽杀宦官,就紧急部署,终因麻痹,被张让等人杀死。而何进暗中调动的人马听说何进被杀,蜂拥入城,大杀宦者,赵忠等人被袁绍杀死,张让挟少帝刘辨仓皇逃跑出城,走到小平津(今河南孟津县东北),被卢植追上,张让等人见难以脱身,便投河而死。坏事做尽的"十常侍"终于落得了应有的下场,东汉王朝也随之灭亡了。

# 反复小人吕布

一提到吕布，我们就会想起《三国演义》中刘、关、张“三英战吕布”的情节，看那吕布是何等的神勇，手使方天画戟，上下飞舞，猛不可挡。据正史记载，吕布的确是员勇将，他武艺高强，力量过人，早在三国时期就有“人中有吕布，马中有赤兔”的说法。可惜这样一位骁(xiāo)将，竟反复无常、唯利是图。

吕布字奉先，五原郡九原(今内蒙古包头市西北)人，主要活动于东汉末期。最初因其勇武，在并州(今山西大部、陕西、内蒙古、河北一部分)当差，并州刺史丁原率兵屯驻河内(治所在今河南武陟县西南)时，让吕布担任了负责文书、印鉴的主簿官，并对他很亲近，情同父子。

东汉后期，外戚和宦官轮流执政，外戚时时想消灭宦官而独揽大权。宦官也不示弱，常常突发制人，铲除外戚。公元189年担任大将军职务的外戚何进，又一次策划消灭宦官，于是召请丁原、董卓进京。丁原率兵先到了洛阳，而董卓是在何进事泄被杀之后，才进入京师的，他见何进已死，就决定兼并丁原的军队，于是收买吕布。吕布见董卓权势大，就杀了丁原，投靠了董卓，董卓提升他为骑兵长官，对他大为宠信，并以父子相称。

不久，吕布又升为中郎将，封都亭侯。董卓自知残暴，结下了许多仇人，非常担心别人谋害他，所以，就让吕布担任了自己的侍卫官。有一次，吕布因一件小事使他不满，董卓拿起一支短戟，掷向吕布，吕布敏捷地避开了。从此，吕布怨恨在心。后来，吕布又和董卓的侍婢私通，他担心董卓发觉，心里也越发不安了。

董卓的暴戾恣睢，引起了世人共愤。一天，吕布前去拜见司徒王允。王允正与人筹划杀掉董卓的事情，一听说吕布来访，觉得可利用他行事，立即起身相迎，热情接待。坐定之后，吕布向王允讲述了董卓用戟掷他的情况，并流露出不满与忧惧的神色，王允见此，便劝他作内应，共诛董卓，他答应了。这天，汉献帝染病初愈，召集众文武官员到未央殿议政。吕布让十余名亲信埋伏在宫掖门两侧，董卓到后，众人一拥而上，各举刀枪，杀向董卓，董卓大呼吕布，吕布上前，举戟刺入了董卓的胸膛。

董卓死后，王允掌握了大权，封吕布为温侯，并晋升奋武将军。不久，董卓部将李傕(jué)作乱，率军攻入长安，吕布抵挡不住，带着几百名骑兵逃往南阳(今河南、湖北的一部分)投奔袁术。董卓专权时，曾杀袁氏亲族五十多人。吕布杀了董卓，认为帮袁氏报了仇,袁术必当感激而收留他。可是,袁术憎恶他反复无常,拒绝收留。吕布无奈,只好北上冀州(今河北大部,山东、河南一部分),寄寓袁绍,袁绍虽收留了他,但时时对他进行监视。后来吕布配合袁绍作战,自认为有功,请求袁绍给他增加军队,并放纵部下到处抢劫。袁绍对此极为不满,逐渐怠慢他,他觉察后,主动离去了。

吕布向河内进发,途经陈留(今河南大部分)时,结识了太守张邈。分别时,两人握手起誓将来互相援助。张邈是袁绍的仇人,袁绍听说吕布和张邈勾结起来,对他俩愤恨不已。吕布到河内,依附了太守张扬,总算定居下来。

兴平元年(公元 194 年)曹操部将陈宫利用曹操出征徐州之机,背叛了曹操,和张邈一起从河内把吕布接到了沭阳(今河南、山东一部分),推举他做了兖州(今山东西南大部,河南东部)的最高长官——兖州牧。曹操得报,马上回攻沭阳,两军展开了激烈的战斗。相持了一百多天,双方谁都不能取胜,于是各自罢兵。第二年战事重开,曹军屡战屡胜,最后,吕布、陈宫、张邈只好退出兖州。

吕布来到徐州(今江苏长江以北和山东东南部地区),投靠了刘备,刘备也恨他为人反复,表面上同意他暂住下来。此时,刘备正和袁术在淮水交战,驻兵下邳(今江苏沂、泗两水交会处)。袁术听说吕布在刘备那里,就给吕布写了一封信,信中除夸赞吕布一番外，让吕布帮他攻打刘备，并以送给吕布二十万斛粮食相许。吕布见利忘义，同意了袁术的密约，趁刘备出战之机，抄了刘备的后路，袭取了下邳，捉住了刘备的妻子和孩子。刘备无奈，只得向这位弃义忘恩的人请降。袁术目的达到后，却不按约送粮，吕布十分恼怒，可又没有办法向袁术索取，就同意了刘备的请求，让刘备屯驻小沛(今江苏沛县)，自己称做徐州的最高长官，刘备悔恨万分。

袁术见刘备又回到小沛，就派大将纪灵率领三万人马前去攻打，刘备抵挡不住，向吕布求救。吕布手下将领劝他别救刘备，正好借袁术之手消灭刘备，吕布怕袁术击败刘备后，没有牵制袁术势力的力量，还是决定前去救援。吕布带领人马赶到小沛，把刘备和纪灵请来，设宴相待，然后对纪灵等人说："我平生不喜欢打仗，而喜欢和解。"他唤人拿过戟来，在营门外远远插定，说道："大家看我射戟，如果一箭射中戟上小枝，你们就休战罢兵，如果不中，你们可以再战。"说罢，他举弓射箭，正中小枝。纪灵迫于吕布的勇武，只好收兵返回。《三国演义》中"吕奉先辕门射戟"一回就取材于此。

袁术对此事当然不满，可这时他正想自称皇帝，企图利用吕布的力量，只好忍下这口气，并派人向吕布求亲，希望吕布把女儿嫁给自己的儿子。吕布也想利用袁术的力量，马上就答应了这门亲事。吕布手下有一个叫陈珪(guī)的官员，早已倾心曹操，他担心吕、袁结亲后会不断作乱，更加难以平定，就对吕布说："曹公辅佐皇帝治理国家，将要征服天下，将军应该和他同心协力才对，你与自称皇帝的袁术结亲，定会被天下人骂为不君不义，后果也不堪设想。"吕布觉得陈珪的话有理，又想起当初投奔袁术而遭拒绝的事情，立即改变了主意。这时，他的女儿已被袁术派来的使者韩胤迎走，尚在途中，吕布快马追回女儿，并把韩胤捉送给了曹操。曹操乘机派使者前往徐州，任命吕布为左将军，以进一步拆散吕、袁的关系。

袁术见吕布出尔反尔，非常愤怒，就发大兵直扑下邳，吕布采用陈珪的计策，用反奸计击败了袁术的军队。

建安三年(公元198年)吕布又背叛了曹操，和袁术联合起来。这时，屯居小沛的刘备乘机发展势力，吕布出兵攻打，刘备战败，向曹操求援。曹操派大将夏侯惇前去救援，结果也被吕布打败。曹操决定亲征吕布，率大军一路夺关斩将，势如破竹，很快攻到下邳城下，将下邳团团包围起来，然后派人送给吕布一封信，信中说明利害，劝吕布投降。吕布自知抵挡不住曹操，打算投降，可陈宫等人坚决不从，吕布只好派人向袁术求援，此时袁术自身都难保了，哪还顾得上他。

曹军在下邳城外一连攻打了三个月，也未能破城，最后，掘出了沂、泗二水，来掩灌下邳。在大水茫茫、外无援军、内缺粮草的情况下，吕布部下开始离心离德，吕布只好向曹操投降。当他见到曹操时,很不自知地说:“如果您让我带领骑兵,您率领步兵南征北伐,就可以平定天下了。”曹操有点儿犹豫,这时,刘备在曹操身边对曹操说:“明公难道忘记吕布是如何对待丁原和董卓的吗?”曹操得到刘备的提醒,不再犹豫了,于是下令勒死了吕布。

吕布背信弃义,唯利是图,反复无常,这是他应得的下场。

## 奢靡挥霍的石崇

中国历史上的西晋是司马氏建立的政权。在西晋王朝统治集团中,上自皇帝,下至贵族、官僚,都过着荒淫奢侈的腐化生活。晋武帝司马炎有宫女近万人,日夜饮酒作乐,还公开卖官,所得之钱,都入私囊;太傅何曾每天饭费一万钱,还说没有下筷子的地方,他的儿子司徒何劭每天饭钱两万钱;外戚王济用人乳喂猪,每次宴会,用穿绫罗的婢女百余人持琉璃器进食;大官僚石崇的奢侈,更是达到了发狂的地步。

石崇是大司马石苞六个儿子中最小的一个。石苞临终时,把家财分给几个儿子,唯独没有石崇的份。石崇的母亲觉得不公平,便去问石苞为什么不分给石崇财产。石苞说:"这个儿子虽然小,但以后他自己能得到财富。"后来石崇在任荆州刺史时,劫杀客商,抢夺他们的钱财,以此成为巨富。

石崇得了不义之财,便任意挥霍。他为自己建造豪华的宅第,房屋建筑异常宏丽。又在洛阳城外金谷涧建了一座占地十顷的园苑,苑内清泉茂林、果木竹柏、药草之类,无不俱备,又有水碓(duì,以水为动力的舂米工具)、鱼池、土窟等,他自称此处"娱目欢心之物备矣",更有高台飞阁,以供游玩。石崇有姬妾百余人,都是身穿绫罗绸缎,戴着金翠首饰。此外,他家还役使着八百多名奴仆。

石崇为了显示自己富有,常和外戚王恺、羊琇之徒争奇斗富,以奢侈为尚。王恺用紫丝布做了四十里步障作行路时的屏幕,石崇做锦步障五十里以敌之;石崇用椒涂屋,王恺用赤石脂涂屋。晋武帝是王恺的外甥,经常帮助王恺与石崇比富。他曾经把一枝高两尺多的珊瑚树赐给王恺。这枝珊瑚树枝柯扶疏,世间罕见。王恺拿它向石崇炫耀,没想到石崇看罢之后,挥起手中所持的铁如意将它击碎。王恺很惋惜,以为石崇是忌妒自己的宝贝才这样,便声色俱厉地向石崇发脾气。石崇说:"用不着发怒,还给你就是了。"于是叫人把他的珊瑚树都拿出来。其中高三四尺、形状奇丽、光彩溢目的有六七枝,与王恺那枝差不多的还有很多。

石崇家的厕所,常有十余名衣着华丽的婢女侍立其间。厕所里置放着甲煎粉、沉香汁等香料,还备有新衣服以便从厕所出来时更换。有一个叫刘寔的人到石崇家,去厕所时,见到其中有挂着深红色纱帐的大床,铺设非常漂亮,旁边还有两个手持锦香囊的婢女立即跑出来,对石崇道歉说:"刚才误入了你的寝室。"石崇答道:"那是厕所。"

石崇不但奢侈无度，而且性情凶残。他每次宴请宾客，就命令漂亮的婢女向客人劝酒。如果客人未把酒喝干，他就把劝酒的婢女杀掉。一次，丞相王导和大将军王敦一起到石崇家作客。王导不能喝酒，但为了不使劝酒的婢女被杀，只好勉强饮尽，结果喝醉了。而王敦就是不喝，石崇就下令连斩了三个婢女。王导埋怨王敦，王敦却说："他杀自己家的人，关你什么事？"王敦的冷酷，固然可恨，而石崇以人命为儿戏，尤属可恶至极！

## 残暴肆虐的隋炀帝

在封建社会，皇帝或其他有特殊社会地位的人死后，常根据其品行气质特点，追加一个称号，叫做“谥号”。隋朝第二个皇帝杨广的谥号是“炀帝”，他就是我们常说的隋炀帝。“炀”字的本义是火旺，又有暴烈的意思，用来形容肆虐民生、滥杀无辜的暴君，再合适不过了。

隋炀帝是隋文帝的次子。起初，他的哥哥杨勇被立为太子。他先是伪装成孝顺、朴素的样子，争取父母的欢心，后又与深得隋文帝信任的大臣杨素合谋，怂恿隋文帝废掉太子杨勇，改立他为太子。仁寿四年(公元 604 年)，隋文帝病卧宫中，他派人杀死隋文帝，又杀了哥哥杨勇，自己登上了皇帝的宝座。他在位期间，实行极端残暴的统治，结果激发了农民大起义，隋王朝随之崩溃，成了一个短命的王朝。

大业元年(公元 605 年)三月，隋炀帝即位不到一年，就下令营建东都洛阳，每月役使二百万人。大业二年正月，东京建成。由于工程浩大，又在短期内赶成，劳役过重，在劳役中死去的人有十分之四五。在工程进行时,向外运送死者的车辆接连不断。他又命人从南方采集奇材怪石、珍草异木,北运至洛阳,用来修宫殿和苑囿。在建东都西苑时,需要许多大木料,有的大柱要二百人共拽,才能拖动。西苑周围二百里,有很多宫殿,还有方圆十余里的人工海,海中建蓬莱、方丈、瀛洲三座神山,高出水面百余尺,山上有亭台殿阁,真是穷极侈丽。又役使一百余万人修东西长千余里的长城,限令二十天完成,再次造成人民大量死亡。隋炀帝为开凿运河而征发的民力更多,开通济渠时,征发河南、淮北一百多万人,疏通邗沟(即山阳渎)时,征发淮南十多万人,开永济渠时,又征妇女服役。隋炀帝还三游江都,每次也征很多人服役,如第一次游江都时,仅拉船的纤夫就有八万人。

隋炀帝在位的大部分时间都是在巡游中度过的。他在位十四年,东西巡游,留居京城不过一年。大业元年(公元605年)八月,他从洛阳坐船去游江都,第二年四月才回到洛阳。第三年又北巡榆林(今内蒙古准格尔旗东北),到突厥启民可汗的大帐。第四年又到五原,出长城,巡行塞北。第五年西行张掖(今甘肃张掖市),接见很多西域地方使者。第六年再游江都。第七至第十年,三次率军进攻高丽。第十一年又北巡长城。第十二年又第三次游江都。此后农民起义蓬勃发展,他无法回京城,最后死在江都。他每次巡游,都有后妃宫女及禁卫军十余万人随行。途中一切费用,都由沿途各州县供给,人民苦不堪言。第一次游江都时,他率领诸王、百官、后妃、宫女及侍卫等一二十万人,船队首尾相接,长达二百余里,所过州县,五百里内都要贡献食物,吃不完的就扔掉。隋炀帝这样巡游,不知给人民增加了多少苦难,浪费了多少东西。他巡游的目的,一方面是为了游山玩水,一方面是向少数民族和邻国宣扬武功,夸耀富有。他在巡幸各地时,往往以丰盛的酒席招待少数民族的首领。如大业三年北巡至榆林,建了一个可容纳数千人的大帐,以盛宴招待启民可汗,连隋朝的官员都认为太奢侈。

隋炀帝还是一个喜欢浮夸、讲究排场的人。他为了向在洛阳的西域人夸耀富强,每年正月在洛阳大街上设置盛大的百戏场,戏场周围八里,有三万多歌女演出。西域人到洛阳丰都市作买卖,他下令酒食店以酒饭招待,让他们酒足饭饱,不取分文,说中国富饶,酒食向来不要钱,市场上的树木都用帛缠饰。西域人问道:“中国也有穷人,衣服都遮不住身体,为什么不把帛给他们,反而用来缠树呢?”弄得市上的人无言以对。这种奢侈铺张的做法,不知挥霍浪费了人民多少血汗。

隋炀帝时期,还借口高丽王不肯入朝,发动了三次进攻高丽的战争。第一次在大业八年(公元 612 年),陆军从涿郡出发,海军从东莱海口出发,分两路向高丽进攻。因为隋军士气低落和高丽军民的坚决抵抗,这次进攻大败而归,共有三十五万人渡过鸭绿江，生还者仅两千七百人。第二次和第三次分别在大业九年和大业十年。这两次隋军也均遭失败。三次战争给人民造成的苦难，比大兴土木还要深重。为了准备第一次进攻高丽的战争，征发工匠在东莱海口造船三百艘，官吏督工极其苛酷，任意鞭打工人，工人日夜站在水里工作，结果自腰以下无不生蛆，死者十分之三四。河南、淮南和江南的老百姓，被差派修造兵车五万辆，送到河北高阳。江、淮以南的人民，被强迫自带船只，把黎阳仓、洛口仓的粮食送到涿郡。山东的农民，被调用牛车向边镇送米。牛车征完了，又征人力小车。频繁的征发，使几十万民夫、士兵经常在路上来来往往，昼夜不息。途中病死的，尸体相枕，十分凄惨。大批劳动力被征用，又使农田耕种失时，大量荒芜，社会经济遭到严重的破坏。

隋炀帝的荒淫残暴也是有名的。他赏罚臣下，全凭自己喜怒行事，受赏的人不知立了什么功，被杀的人也不知犯了什么罪。臣下提意见，如果不合他的心意，即滥加杀戮。大业十二年(公元616年)，奉信郎崔民象、王爱仁鉴于“盗贼日盛”，上表请谏不宜巡幸，结果这两人被杀。曾对隋炀帝北巡榆林时设大帐盛宴招待启民可汗表示不满的贺若弼，也以所谓“无形之罪”被杀。如此暴君，其后果怎能不遭致众叛亲离呢？隋朝末年，爆发了大规模的农民起义，隋炀帝便同隋王朝一起在这场大起义中灭亡了。

## 口蜜腹剑的李林甫

李林甫是唐代的大臣，小字哥奴。唐玄宗时，他任宰相十九年，权势甚盛，政事败坏。他对人表面友好，而暗加陷害，所以司马光在所撰《资治通鉴》中评说："世谓李林甫口有蜜，腹有剑。"

李林甫初为千牛直长，是负责禁卫的官。因厚结唐玄宗的武惠妃和武三思的女儿，于开元二十三年(公元735年)任礼部尚书、同中书门下三品。在唐代，以他官加上"同中书门下三品"或"同中书门下平章事""参知政事"等衔，即为宰相的地位。李林甫挤入高位后，经常勾结宦官、嫔妃，探听玄宗动静，以争宠固权。

李林甫整治他人，向来不露声色。谁要是在朝中稍微有些声望，他一定费尽心机，暗中把他搞掉。皇太子妃韦氏的哥哥韦坚刚入朝做官时，李林甫推荐韦坚担任要职，背地里却又命令御史中丞杨慎矜留心找韦坚的碴儿。正月十五夜里，皇太子出游，与韦坚相见。杨慎矜探知此事后，立即上奏玄宗。玄宗听后大怒，认为这是不轨行为，罢了韦坚的官，免了太子妃韦氏。李林甫利用这个机会,大肆排斥异己。他上奏玄宗说,李适之同韦坚过从甚密,而裴宽、韩朝宗二人又都依附于李适之。玄宗听信李林甫,于是将韦坚赐死,贬斥了裴、韩二人。后来,在这件事上为李林甫立了功的杨慎矜权势渐盛,李林甫又开始忌恨起他来。李林甫先举荐王鉷(hóng)当了御史中丞,并视其为心腹。王鉷明白李林甫的意图,于是诬陷杨慎矜有不法行为,结果杨慎矜被灭族。皇太子良娣(太子妃妾的称号)杜氏的父亲杜有邻同他的女婿柳勣(jī)不和,柳勣告杜有邻违法,玄宗命王鉷和杨国忠调查。王、杨二人按照李林甫的意思,奏称杜有邻确属违法。玄宗立即赐杜有邻自尽,太子良娣也被贬为庶人(即平民)。

李林甫总是同皇太子亲近的人过不去,是有原因的。起初,皇太子是李瑛。当时玄宗宠爱武惠妃,李瑛因自己的母亲失宠而有怨言。玄宗听说后,打算废掉太子。他同大臣们商量此事。中书令张九龄奏称:太子是国家根本,您不能因一时不高兴就废掉太子。玄宗听后心中不悦。李林甫却说,废立太子是皇帝自己家里的事,何必与人商量呢?于是玄宗就废掉了太子李瑛。但立谁为太子呢?玄宗一时还拿不定主意。李林甫因武惠妃曾助他为相,所以对玄宗说,武惠妃的儿子寿王已成年,可立寿王为太子。不料玄宗另有打算,认为忠王李亨既仁且孝,在诸皇子中年又居长,遂立为太子。这就是后来的唐肃宗。李林甫怕太子李亨将来即位后会同他算账,所以才多次在太子周围的人身上下手，想引起玄宗对太子的不满。无奈玄宗对太子深信不疑，他也没有办法。

李林甫虽身为宰相，实则不学无术。一次，他在一处见到“杕(dì)杜”这个词。“杕杜”是《诗经》中的篇名，封建社会的文人都熟读《诗》《书》，对“杕杜”本应知晓，而他却不认识“杕”字，于是问旁人道：“这里说‘杕杜’，是什么意思？”被问者俯首不敢回答。又一次，李林甫的妻兄得子，他写信庆祝道：“闻有弄麞之庆。”“麞”应写作“璋”字。“璋”指圭璋，是一种宝玉。古代王侯多执玉，所以生了男孩叫“弄璋”，意在祝其成长后当王侯。而“麞”是一种鹿，现在多写作“獐”。来庆贺的客人们看了李林甫的贺信，都忍不住掩口而笑。

李林甫自己不学无术，就格外忌恨有才能的人。玄宗为招揽人才，“诏天下士有一艺者得诣阙就选”。李林甫恐怕有人应诏在玄宗面前指责他，便对玄宗说，草民的话都是胡言乱语，只能“乱圣听”，这事交给尚书省去办就行了。结果一个有用之人也未选出来。李林甫却向玄宗道贺，说是民间已无人才，言外之意是说人才都在朝中为天子所用了。

李林甫曾经做过一个梦，梦见一个白皮肤、长着胡须的人要夺他的相位。醒来一想，此人像是户部尚书裴宽，所以借口裴宽是李适之的党羽把他搞掉了。仅因一梦就要害人，可见李林甫的阴毒。

## 利欲熏心的杨国忠

中国古有“一人得道，鸡犬升天”的典故。传说汉淮南王刘安好道，修炼成仙，临去时，将所剩丹药撒在庭院里，他饲养的鸡狗吃后，也一同升入仙界。这虽纯属虚构编造，但无疑是封建时代一人获得荣华富贵，而有关系的人都跟着沾光的社会现实。在裙带风盛行的中国古代，此种情形诚可谓史不绝书。唐天宝四年(公元745年)后，杨贵妃深邀唐玄宗宠幸，其父玄琰遂被追赠为太尉、齐国公；叔父玄珪提升为光禄卿；宗兄铦为鸿胪卿，锜为侍御史；三个姐姐又分别被策封为韩国夫人、虢国夫人和秦国夫人。尤其是从祖兄杨国忠，更是权倾天下，盛时竟身任侍御史、宰相等四十余职，朝野为之侧目。难怪唐代大诗人白居易在鸿篇《长恨歌》中，会发出“姊妹兄弟皆列土，可怜光彩生门户”的感叹。

杨国忠本是蜀中(今四川)无赖，好酗酒，嗜赌博，家产为之赔累殆尽，以致不得不四处乞食，同族姻亲因而对其极为鄙视。情急之下，已及而立之年的杨国忠遂投身行伍，希冀用自己的性命作赌注，以博得一官半职；但因常遭上官的厌恶和压制，一直郁不得志。杨贵妃的得宠，终于为他的出人头地提供了契机。凭借与贵妃的同宗关系，加上自己钻营有术，杨国忠在官场上可谓春风得意，由一个不齿于乡里、见弃于上官的市井无赖、兵痞子，一跃而身居一人之下万人之上的宰相高位。

杨国忠虽位居卿相，但绝无经国安民之谋，他所属意的只是一己的私利罢了。为满足自己的权势欲望，他一身竟兼领四十余职，所有机要事务均须听其独断。对那些有才行时名而不肯为其所用的官吏，他就千方百计予以排挤、铲除。京兆伊李岘(xiàn)就是因为不愿听命于他，而被罗织罪名，贬谪长沙。为了稳固自己的统治地位，杨国忠还大施欺下罔上的伎俩。天宝十三年(公元754年)，阴雨连绵，致使许多地方水灾甚重。杨国忠却遍地搜求长得丰茂的稼禾献给皇上，说："雨水虽多，但对庄稼并没有损害。"扶风太守房琯上奏章陈述所部水灾情形，杨国忠就嗾（sǒu）使御史予以弹劾。在杨国忠的高压下，朝野上下再也没有人敢谈论灾情了，就连玄宗皇帝极为亲信的宦官高力士，在玄宗问起水灾情形时，也竟然以"臣怎么敢说"相对答。

在生活上，杨国忠则极尽奢华。为满足自己的贪欲，他大肆收受贿赂，家中所积压的上等缣帛竟多达三千万匹。天宝十二年(公元753年)冬十月，杨氏五家随从唐玄宗巡幸华清宫。临行前，五路人马云集于杨国忠宅第。举目望去，但见车马仆从满布街坊，珠玉锦绣光华耀眼。五家各列一队，以不同颜色的彩衣相区别，一俟五家合队，则灿若云锦，甚是可观。杨国忠有点飘飘然地对宾客们说："我原是寒素人家出身，因与贵妃沾亲之故，而有今天这番景象。但想来以后终究不会有好名声，所以不如干脆来个及时行乐。"可谓恬不知耻。

为使子孙后代也能像自己那样享尽荣华富贵，杨国忠还凭借手中权势，竭力为他们谋取功名。其子杨暄学业荒陋，举明经没能通过。礼部侍郎达奚珣因畏惧杨国忠的权势，派其子达奚抚将事情婉转告诉杨国忠。达奚抚乘杨国忠上朝之际，趋至其马下。杨国忠满以为自己儿子肯定能中选，不禁面有喜色。谁知达奚抚对杨国忠说："家父让我转告大人，你儿子考试不及格，但也不敢让他落选。"杨国忠听后勃然大怒，声色俱厉地说："我儿子何愁不能富贵，怎能容得你们这些鼠辈出卖。"说后扬鞭策马而去。达奚抚极感恐惧，马上给父亲写信说："杨国忠仗势凌人，实在令人扼腕长叹，哪能与其论是非曲直呢！"遂把杨暄置于上等科第。

天宝十四年十一月，安禄山在范阳(今北京)以讨伐杨国忠为名，起兵反唐。次年，安禄山军攻破潼关，进逼长安。唐玄宗于是带着杨贵妃、杨国忠等急急如漏网之鱼，向西逃窜。逃到马嵬驿时，随行将士兵变，杨国忠父子被乱军杀死，从而结束了卑鄙无耻的一生。

## “长乐老”冯道

唐朝灭亡到宋朝建立间的五十余年，是中国历史上的又一大乱世。这期间中原五易其姓，南北边远地区又有十小国纷乘播乱，故史称“五代十国”。在那个年代，尽管政坛波诡云谲，朝代呈走马灯式地更替，却出现了一位历仕后唐、后晋、后汉、后周四朝十君，又曾出任契丹国太傅的“不倒翁”，此人就是以“长乐老”自诩的冯道。

冯道(公元882~954年)，字可道，瀛州景城人，以好学能文著称于世。唐末，被幽州节度史刘守光延为幕僚。及刘守光败，又被河东军监军使张承业辟为巡官，嗣经张承业推荐，出任河东节度使李存勖的掌书记，专管军中文牍。

923年，李存勖建立后唐政权，是为庄宗，冯道任中书舍人、户部侍郎兼翰林学士。明宗继位后，冯道擢升中书侍郎、刑部尚书平章事。末帝时又出任司空。终后唐之世，冯道虽位居枢要，但除了告诫明宗不要贪图安逸一事尚可肯定之外，并无其他建树。

公元936年,石敬塘在契丹的扶持下建立后晋政权,拜冯道为宰相。冯道不但不以出仕这一“儿皇帝”朝廷为耻辱,反而引以为恩宠和荣耀。因此,当石敬塘提出让他担任去契丹呈献徽号的使者时,他欣然承诺,什么前路沙漠茫茫,契丹君臣对汉使傲慢无礼等,均可弃置不顾。这一时期,冯道在经谋国策方面也无多大作为。有一次,石敬塘向他请教用兵方略,他却推诿道:“陛下您经历百般磨难,终于创下诺大伟业,神武睿略,是众所周知的,用兵之道,还须由您独自决断。我只是一介书生,只能为您维持历代成规,其他事非我所能啊!”晋出帝在位时,冯道曾向朝中同僚打听人们对他有何评价,当他得到同僚“是非相半”的回答后,竟恬不知耻地以孔圣人尚且遭到叔孙、武叔诋毁作比,自我解嘲了半天。

契丹灭后晋,冯道应契丹王耶律德光之召,前往开封觐见。耶律德光先是对冯道出仕后晋之事大加责备了一番,接着故意问道:“你为什么前来觐见?”冯道答道:“无城无兵,怎敢不来?”耶律德光又以讥诮的口吻问道:“你这老头究竟是什么人?”冯道则低声下气地回答说:“我是无才无德、痴顽老朽之人。”当耶律德光问如何才能拯救黎民百姓时,冯道更是用极其肉麻的言词答道:“这个时候就是活佛出世也拯救不了,唯有大王您才能当此大任。”耶律德光听后不禁大喜,当即拜冯道为太傅。

此后,冯道又先后出仕后汉、后周政权,任太师、中书令等要职。由于在朝代频繁更替的政治旋涡中能够稳住钓鱼船，冯道不禁有点飘飘然起来，因此写了《长乐老自叙》一文，对自己的家世、仕历、官职、勋爵及处世哲学大大吹嘘了一番。

冯道一生，生活尚知节俭，也能周济乡里，但作为朝廷重臣，考虑的不是经国安民之谋，也不能犯颜极谏，显然不能说是称职的。而他所表现出来的四处奔波只求做官，视丧君亡国未尝屑意，特别是在民族面临生死存亡的危急关头，不但不能慨然以赴国难，反而不惜出卖自己的灵魂，认贼作父，则又是其无耻至极的一面。

## “儿皇帝”石敬塘

“皇帝”是封建时代最高统治者的代名词，享有九五之尊，拥有绝对权威。“天无二日，民无二王”和“普天之下，莫非王土；率土之滨，莫非王臣”等等言论，就是对皇帝至高无上权威的贴切描述。然而，在中国历史上却有一位甘愿向人割地称臣，且恬然以“儿皇帝”自许的帝王。此人就是五代时后晋的开国皇帝石敬塘。

石敬塘原是后唐明宗李嗣源的一员部将，曾多次随明宗和庄宗李存勖与后梁军队交战，因作战骁勇，著有征伐之功，先后被任为保义军节度使、宣武军节度使、侍卫亲军马步军都指挥使、六军诸卫副使、同中书门下平章事、兴唐尹等官职，并赐号“竭忠建策兴复功臣”“耀忠匡定保节功臣”。明宗甚至还将爱女永宁公主嫁给了他。但这些并没能消弭石敬塘篡夺王位的异志。清泰三年(公元936年)五月，羽翼渐丰的石敬塘以末帝李从珂不当嗣位为借口，起兵反叛。

为达到篡夺王位的目的，石敬塘不惜向有虎狼之心的契丹国求援。在求援表中开列了愿向契丹皇帝称臣，并以父亲之礼侍奉，事成之后将卢龙一道及雁门关以北诸州割让给契丹等丧权辱国的条件。部将刘知远劝谏道："向契丹皇帝称臣就可以了，以父亲之礼侍奉则未免太过分了，而且也大可不必割让土地，只要多送些金银布帛，就足能搬取救兵。否则，必然会酿成无穷后患，到那时就追悔莫及了。"石敬塘没有听从。在契丹援军的帮助下，石敬塘击败了前来平叛的后唐军队，并于同年十一月，在契丹皇帝的册封下登基，改元天福。即位之日，石敬塘当即将幽燕十六州割让给契丹，并答应每岁向契丹输纳布帛三十万匹。

此后，担任后唐诸道行营都统和河东道南面行营招讨使的赵德钧、赵延寿父子俩也遣使契丹，请契丹皇帝拥立他们，答应事成后与契丹结为兄弟之国。契丹皇帝唯恐深入敌境后被阻断退路，拟接受赵氏父子的请求。石敬塘闻讯后大为恐慌，急忙派部将桑维翰叩见契丹皇帝，说："大国举义兵援救孤危之人，一战而大败唐兵，今唐兵退守一隅，不难一鼓攻破。赵氏父子不忠不信，久怀叛乱之心，不是那种敢以身殉国的勇武之人，有什么好害怕的？怎么能听信他们的诞妄之言，贪取毫末之利而放弃垂成之功呢！而且，如果晋有朝一日能得有天下，肯定会竭举国之财以贡奉大国，岂是赵氏父子答应给予的区区之利可比的？"契丹皇帝回答道："你看过捕捉老鼠吗？不加防备，尚且会被咬伤其手,何况我现在面临的是强劲之敌呢!"桑维翰说:"大国已经扼住了他的咽喉,哪里还会咬人呢?"契丹皇帝答道:"我这样做不是有意违背前约,实在是出于无奈啊。"桑维翰争辩道:"皇上是出于信义而发兵,这是有目共睹的,怎么能三心二意,而使大义不终!"说罢跪于契丹皇帝的帐前,通旦达暮,涕泣力争。契丹王为其诚心所动,遂指着帐前石头对赵氏父子派来的使者说:"我决心成全石郎,此石不烂,是心不变。"

石敬塘深知若不是契丹皇帝的成全,自己攫取皇帝宝座的夙愿碍难实现,因此,对契丹皇帝极为感激,事奉甚为恭敬谨慎,不但奉表称臣,还呼契丹皇帝为"父皇帝"。契丹使者来时,他都在特辟的宫殿拜受诏书、敕令。每年除按时向契丹输纳钱币、布帛外,还不断遣使进献礼物及各种玩好珍异,就连契丹皇帝底下的大臣们也都各有遗赠。稍不如意,契丹皇帝就派使者前来问罪,而石敬塘总是卑躬屈膝、谢罪不已。石敬塘的使者至契丹,则甚受该国君臣的冷遇,甚或大受侮辱,朝野上下都认为这是莫大的耻辱,而石敬塘仍是一如既往地事奉契丹君臣,不敢稍有怠慢。

天福三年(公元938年)十月,契丹皇帝加封石敬塘为"英武明义皇帝"。石敬塘拟派兵部尚书王权前去致谢,王权引以为耻,对人说:"吾老了,怎能向居住在帐篷中的胡虏屈膝!"因以老迈多病辞谢。这在石敬塘看来,简直是不敬之至,恼怒之下,罢免了王权的官职。

石敬塘的表现虽在一定程度上缓和了与契丹的矛盾，但他这种向人称臣，并甘愿以父亲之礼事之的无耻行径，在中国古代帝王中却是绝无仅有的。公元942年，这位中国历史上唯一的“儿皇帝”蒙羞死去。四年后，他以乞讨手段建立的后晋王朝也为后汉政权所取代。

## “六贼”之首蔡京

北宋徽宗宣和六年(公元1124年)十二月,太学生陈东等人伏阙上书,历数当朝权要蔡京、童贯、梁师成、朱勔、王黼、李彦等六人的罪状,把他们斥为“六贼”,吁请即加诛锄以谢天下。身居相位的蔡京被视为“六贼”之首。

蔡京字元长,兴化仙游(今属福建)人,进士出身,曾四度窃居相位。为攫取并稳固自己的权位,也为满足无穷的贪欲,他不但大肆排斥异己,广植私党,还恣意诛杀,残民以逞。作为中国历史上最卑鄙无耻的巨奸大慝(tè)之一,蔡京当政的二十几年成为北宋最黑暗的时期,是不难想象的。

蔡京谙熟政治权谋,擅长看风使舵。其出仕之初,正值北宋统治集团内部变法派与守旧派斗争异常激烈之际。当王安石雷厉风行推行新法之时,官职不高的他即趋附变法,以求得信任。而当守旧派得势后,他又摇身一变,投靠守旧派代表司马光,并成为司马光的得力干将。司马光严令五天内恢复差役法,各地方官吏都以期限太过苛迫,一筹莫展,独蔡京如期完成了恢复近畿各县役法的任务，从而赢得了司马光的赏识。司马光为此赞誉道："如果官员们都能像你这样恭谨奉法，还有什么不能推行的！"宋哲宗亲政后，力图恢复新法，是为"哲宗绍述"。蔡京再一次改变自己的政治颜色，与尚书左仆射兼门下侍郎章惇一起，成为"绍述"政策的积极主持者。蔡京其人朝秦暮楚，不为国，只为权，至此大白于天下。

钳制舆论及对异己势力的竭力排斥，疯狂诛锄，又暴露了蔡京凶谲残忍的一面。按宋初国制，皇帝下达的诏书、敕令，应先由中书省讨论，然后由大学士拟就颁布。蔡京当国后，因怕舆论对己不利，遂制作御笔密进皇上，改由皇帝亲书诏令，直接下达，称"御笔手诏"，违抗者即以犯法论处。这一举措的推行，不但钳制了舆论，也为蔡京等人高下其手、玩弄权术大开了方便之门。对异己势力，蔡京更是竭力予以排挤、打击。徽宗即位之初，曾表示欲"上述父、兄之志"，即继承神宗、哲宗的未竟之业，推行新法。蔡京遂阴托"绍述"之名，大施窃权之实。他先是将反对变法的守旧派司马光、文彦博等一百二十人诬指为"奸党"，不但立碑于端礼门，还亲自将"奸党"姓名书写于一大碑上，颁布地方郡县，并令刻石。又将哲宗朝旧臣的政治表现分为正上、正中、正下及邪上、邪中、邪下六等，结果又有五百多人被列入邪等，遭到降职、责罚的处分。户部尚书刘拯鉴于党狱太甚，讲了几句公道话，说："汉、唐两代所以灭亡，都是以朋党之争为兆端。今天指责昨天的人为奸党，怎能逆料后来之人不会以奸党之名加诸今人身上呢？一般来说，是非功过自有公论，又何必把他们都列入奸党之籍而予以禁锢呢？”蔡京听后甚觉不是滋味，遂唆使御史予以弹劾，终于把刘拯贬为蕲州知府。

为推行自己的专断统治，蔡京还广结奥援，遍植私党。上有童贯、朱勔等人与其沆瀣一气，下有心腹宋乔年、胡师文等人分任要津，供其驱策。他的三个儿子蔡攸、蔡絛(shū)、蔡翛(xiāo)及蔡攸之子蔡行，也都官至高位，甚至他的家仆也多有被荐擢高位的。由于有一大帮党徒为其奔走效命，所以，蔡京虽曾几度罢相，但没有人敢奈何他。

在生活上，蔡京也穷奢极欲。他的太师府第极尽华丽，家中妻妾成群，僮仆无数，仅厨房佣人，就有专门杀鹌鹑、切葱丝等分工。府中终日宾客如云，宴席常常通宵达旦。甚至连徽宗皇帝也曾慕名七次巡幸蔡京府第，以图寻欢作乐。蔡京不但自己过着荒淫无度的生活，还常常以人主应享尽人间荣华富贵之言蛊惑徽宗。有一次，徽宗举行寿宴，拿出玉盏(zhǎn)、玉卮等酒具对身边的大臣们说：“我想用它们饮酒，又担心人家以为太奢华了。”蔡京马上回答说：“臣过去出使契丹，其君臣曾拿出后晋时期玉盘、玉盏等东西向我夸耀，说咱们大宋没有这类宝物。今天用这些玉质酒具给陛下祝寿，从礼义上来说并无窒碍。”徽宗又颇为顾虑地说：“虽然这些酒具早就有了，并非我为贪图享受而特意制作的，但如果用它们来祝寿，就难免有人会说东道西，时间久了就有口难辩了。”蔡京回答道：“只要行为合乎事理，人言烦杂又有什么好怕的。何况陛下富有四海，就应当尽享天下荣华富贵，区区玉器又算得了什么！”蔡京之子蔡攸更是赤裸裸地对徽宗说：“人主应当以四海为家，太平为娱。人生能有几何，怎能自寻劳累、烦恼！”在蔡京父子的怂恿下，徽宗一方面大兴土木工程，建明堂，修方泽，立道观，侈丽高广的延福宫、华阳宫等宫殿于是一座接一座地拔地而起，同时，难耐宫中寂寞的徽宗还多次扔下案头奏章，微服私访，寻求所谓的人间快乐。

为了满足自己的贪欲，蔡京又是恣意诛求，残民以逞。每年他过生日，朝廷官员和地方上的州官郡守都要打点财物，组织专运，是为“生辰纲”。蔡京还一度变更盐钞法，将旧钞弃置不用。许多持有巨额旧钞的富商大贾遂在一夜之间倾家荡产，流为乞丐，有的甚至寻了短见。而蔡京自己则通过这种巧取豪夺的卑劣行径，大饱私囊。更有甚者，蔡京还迎合宋徽宗对奇花异石的嗜好，大兴“花石纲”之役。每年从江、浙一带搜求大量的所谓珍异之品，通过漕运之道，舳舻相衔，运往京城。只要百姓家中有一石一木稍堪把玩，就指为是御前之物，攘夺而去。

多行不义必自毙。蔡京虽然手操生杀予夺之权，但他的所作所为也遭到了朝野许多人的反对，以致四度罢相。宣和七年(公元1125年)，宋钦宗赵桓继位。其时正值金国大举入侵北宋之际，蔡京为自全计，率家室南逃。钦宗为收揽人心，平息民愤，将他放逐岭南。次年，八十岁的蔡京在途经潭州(今湖南长沙市)时郁郁死去，结束了卑鄙罪恶的一生。

# 傀儡皇帝刘豫

刘豫字彦游，景州阜城(河北东南部，南运河西岸)人，其家世代务农，至刘豫时才时来运转，举为进士。据说刘豫年轻时品行甚为不端，曾偷窃过同房间一书生的银盂、纱衣等东西。政和二年(公元1112年)刘豫被拜任为侍御史时，有人就以他有偷窃行为而提出反对意见。虽然徽宗对此事未加深究，但他对刘豫的为人实已甚为不齿。所以，他后来看到刘豫几次上奏章谈论礼制问题，就禁不住轻蔑地说："刘豫只不过是一个乡下的种田佬，又懂得什么礼仪？"遂把他贬黜为两浙察访使。金兵南侵时，贪生怕死的刘豫从河北提刑任上弃官南逃。其后，他不但没有向朝廷请罪，反而买通中书侍郎张悫，又捞到了济南知府这一空缺。但事与愿违，山东一带风起云涌的农民起义，使他深感恐惧不安，于是向朝廷提出改任东南一郡的请求，但没有被同意。带着一肚子怨气的刘豫不得不硬着头皮，前去济南府上任。

建炎二年(公元1128年)十二月，金兵攻打济南府。面对强敌的围攻，毫无战略头脑的刘豫竟派兵冒然出击，终于陷入金兵的重围之中,后在副将张柬的援救下,才得以击退金兵。金左监军挞懒一看不能硬取,遂出重金收买刘豫。利欲熏心的刘豫竟置民族大义和个人气节于不顾,杀了骁将关胜,弃城投降了金人。

次年三月,金兵攻陷北宋京城开封等地。随着占领区的不断扩大,金人所面临的问题和困难也日益突出。一方面,金兵惨无人道的烧杀掳掠,遭到了宋朝军民的猛烈反击;另一方面,经济、文化较为落后,统治方式比较拙劣的金人在入主中原后,对广大占领区的统治也越来越难以应付。为了缓和民族矛盾,并收到对中原地区的有效统治,金人遂扶植了一个傀儡政权。卖国投敌的张邦昌、刘豫等于是沐猴而冠,“荣”登帝座。

建炎四年(公元1130年)九月,金人立刘豫为皇帝,国号“大齐”,都城设在大名府(后迁河南开封市)。据记载,刘豫出任“大齐”皇帝,是颇经过一番周折的。开始,金人对刘豫并没怎么看重,一心想过过皇帝瘾的刘豫遂厚赂金左监军挞懒,让他推立自己。挞懒虽然答应了,但金元帅粘罕却表示反对。后来在部将高庆裔等人的反复劝说下,粘罕才勉强同意派人到刘豫所部征求意见。最后,在同乡张浃等人的吹嘘和推戴下,金人终于将皇冠戴到了刘豫头上。为了当一个并无多大实权的傀儡皇帝,刘豫不惜以重金乃至自己的灵魂做交换,其无耻于此可见。

刘豫当上“大齐”皇帝后,一方面煞有介事地封官设职,任张孝纯为丞相，李孝扬为左丞，张东为右丞，郑亿年为工部侍郎，李俦为监察御史，并分置河南、汴京淘沙官等官职；另一方面又积极招兵买马，扩充自己的实力。他从四周郡县招募数千壮丁，组建为一军，号“从云子弟”。其子刘麟也征募乡兵十余万人，成皇太子府十三军。同时，为扩展其“大齐”国的地盘，刘豫还多次派兵往攻属南宋辖区的庐州(安徽合肥市一带)、随州(今湖北随县)、邓州(今河南邓县)、襄阳等地。但由于刘豫手下将领大多是些贪生怕死之辈，士兵则是一群没经过什么训练的乌合之众，所以，在与“岳家军”等南宋军队对垒时，屡战屡败是不难想象的。扩大地盘的美梦屡遭破灭，致使刘豫发展到丧心病狂的地步。他利用南宋朝廷对金人的恐惧心理，通过金人向南宋提出把长江以北地区划归自己“大齐”国的无理要求。遭到拒绝后，他又不惜引狼入室，发动金兵进攻南宋。显然，刘豫的所作所为实非“无耻”二字所能概括，把他称为民族的罪人或许更恰当些。

金人拥立刘豫，本来是想达到缓和民族矛盾，实现对占领区的有效统治，并进而使刘豫与南宋相争，自己坐收渔翁之利的目的。但刘豫的庸懦无能，每战必败，使金人大失所望，从而滋生了对刘豫的厌弃之心。绍兴六年(公元1136年)，刘豫听说宋高宗榜其罪状，将亲率大军讨伐自己，遂告急于金，乞师增援。金熙宗完颜亶遂召集诸将商议，有的将领说：“先帝太宗所以拥立刘豫,实是想通过他以达到开疆保境,而我们自己得以安民息兵的目的。没想到刘豫如此无能,进不能取,退又不能守,出师屡屡失利。现在如果我们答应他的请求出兵增援,侥幸获胜,则让刘豫享其成、收其利;万一失败,那么损兵折将、大受其害的是我们。前年应刘豫之请出师失利就是殷鉴,我们为什么要答应他呢!"金熙宗遂拒派援兵。这年十月,刘豫以三十万大军进攻淮西败北,金人对其信用尽失,于是就有废其皇位之意。

刘豫也觉察到金人对自己已生厌弃之心,遂提请立其子刘麟为太子。金熙宗借口慢慢征求中原百姓意见为由,断然拒绝。绍兴七年(公元1137年)十月,金兵以南下攻宋为名,袭击刘豫"大齐"国都城汴京(今开封),活捉了刘豫父子。十一月废刘豫为蜀王。刘豫此时尚苦苦哀求,金左监军挞懒斥责道:"当年赵氏少帝(即宋高宗)出京时,百姓尚哭天哭地,若丧考妣。今天你被废黜,却没有一个人可怜你,你怎么不反省一下!"刘豫不禁语塞。后来,金人把刘豫父子流放到临潢(今内蒙古巴林左旗东南),绍兴十三年(公元1143年)六月,当了八年傀儡皇帝的刘豫在流放地了却残生。

# 残害忠良的秦桧

有宋一代，虽不乏忠义正直、清廉自持之士，但窃弄权柄、勾结祸乱、蠹国害民的巨奸大恶也不少。倡和误国、残害忠良的秦桧，可谓是后者中声名最臭的一个。

秦桧字会之，江宁(今江苏南京市)人，进士出身。早年曾任密州教授、太学学正、御史中丞等职。北宋与金交兵后，秦桧多有谋划，尤其是他坚持不可向金人割地之举，颇获时人赞誉。靖康元年(公元 1126 年)，金兵攻陷北宋京城开封，掳掠徽、钦二帝北去。次年，金人逼迫百官议立异姓张邦昌为帝，秦桧表示反对，立议状向金人哀求，冀存赵宋，遭金兵扣押。

与秦桧一起被金兵拘押北去的张叔夜、何栗、孙傅等，因不堪虐待而相继死难，他如晋康郡王孝骞等九百余人，则遭到流放，且被勒令以耕种莳花为业。而秦桧不但没有遭受任何虐待，反而被金太宗完颜晟的堂弟、左监军挞懒延为幕僚，任军事参谋、随军转运使等职。金人的礼遇，使从前对金人充满敌对情绪的秦桧，一变而为向金人摇尾乞怜的哈巴狗。

南宋建炎四年(公元1130年),秦桧乘跟随挞懒南攻楚州之际,偕其妻王氏逃奔南宋。虽然秦桧南逃之事疑点很多,但宋高宗因感念其昔日曾冒死陈情,以存赵宋,所以对他深信不疑,不但称其为忠朴过人的佳士,且当即拜任他为礼部尚书。转年,又屡迁为参知政事。

秦桧当政后,日以劝诱高宗与金人议和为事,提出了“南人归南,北人归北”这一惊骇天下人耳目的主张,即将黄河以北地区划归金,淮河以北的中原地带划归降金的刘豫,以此换取南宋小朝廷的苟安。由于金国内部的意见分歧,和议一时未能实现,秦桧也曾一度被罢相。绍兴五年(公元1135年),金太宗完颜晟死去,主张与南宋讲和的挞懒派掌权。在挞懒承诺奉还徽、钦二帝的梓宫及仍被劫持的太后,归还黄河以南之土地等条件的引诱下,宋高宗遂置家仇国恨于不顾,再次起用秦桧,让他全权处理与金议和事宜。

秦桧深知朝中大臣多数不主张与金人议和,遂接连三次留身奏事,对高宗说:“臣僚们类多首鼠两端,不足与谋大事。如果陛下决意议和,有关事宜就请跟我一人商议,不要让其他人预谋此事。”尽管高宗对此满口答应,但秦桧还是不放心,所以又采纳党羽勾龙如渊的建议,大起政潮,对不同政见者竭力予以弹劾、倾陷。中书舍人吕本中、礼部侍郎张九成、侍御史张戒、枢密院编修胡铨等就是因为对和议持反对态度,而一一遭到申斥、贬谪。尽忠报国、誓死抵抗金兵的岳飞，更是被秦桧视为必欲拔除而后甘的眼中钉、肉中刺。

岳飞是抵抗派的代表人物。金灭北宋后，他先后随河北招讨使张所和东京留守宗泽转战南北，屡建战功。绍兴十年(公元1140年)，岳飞率领的“岳家军”又先后在郾城和朱仙镇两次重创金兵，一时声威大振。金国大将兀术哀叹道：“我从北方起兵以来，还从未遭到过像今天这样的惨败。”而王镇、崔庆、李觊、崔虎等金国将领，更是纷纷前来投诚。看到此种情势，岳飞满以为雪耻有望，欣喜之下，不禁发出“直捣黄龙府(今吉林农安县，相传是女真族的发祥地)，与诸公痛饮耳”的豪壮之言。但秦桧此时正拟将淮河以北割让给金人，所以阴谋策划召岳飞等班师。秦桧深知岳飞锐志不可当，就先将张俊、杨沂中所部撤回，然后对高宗说：“岳飞所部孤军不可久留，乞陛下令其班师。”苟且偷安、昏聩无能的宋高宗遂在一天之内给岳飞下了十二道金牌，勒令他撤兵。正积极谋划渡河作战的岳飞遂在“十年之力，废于一旦”的悲叹声和当地百姓的恸哭声中班师南回，所收复的失地不久也被金兵占领。秦桧使岳飞班师的阴谋虽然得逞，但在他看来，岳飞的存在对和议及自己终究是一大祸害，遂唆使与岳飞有旧怨的谏议大夫万俟卨(Mòqí Xiè)、张俊及被买通的岳飞部将王贵等人，诬陷岳飞父子串通部将张宪谋反，把他们投进监狱。绍兴十一年(公元1141年)十二月，秦桧以“莫须有”的罪名，将岳飞等三人杀害。

就在大兴岳飞冤狱的同时，秦桧与金国签订了丧权辱国的和约，规定南宋将淮河以北地区割让给金，并每年向金缴纳贡银二十五万两、绢二十五万匹。秦桧的卖国罪行虽昭然若揭，但从此能够苟安一方的宋高宗不但没有对他明正典刑，反而宠幸有加，封他为太师、魏国公。

在此后的十五年里，大权专擅的秦桧唯以粉饰太平、诛锄异己为务。他甚至将不肯附己的赵鼎、李光、胡铨三人之名书于一德格天阁中，发誓要把他们杀了。当他听到赵鼎已自尽的消息后，犹余恨未消，以自己未能亲手诛戮为憾。绍兴二十五年(公元1155年)十月，这个双手沾满忠良鲜血的刽子手终于在病痛中结束了自己罪恶的一生。

秦桧死讯传出后，天下士民奔走相告，额手称庆。虽然宋高宗追赠他为申王，谥号忠献，但迫于人们的压力，他终究不敢在秦桧的墓碑上镌刻一字。宋宁宗开禧二年(公元1206年)更是下诏追夺秦桧的王爵，改谥谬丑，并追封岳飞为鄂王。“青山有幸埋忠骨，白铁无辜铸佞臣。”前往西子湖畔岳坟参观的人们，在对尽忠报国、誓死抵抗金兵的岳飞油然升起钦佩之情的同时，总免不了要对秦桧等人的铁铸跪像切齿唾骂一番，这就是残害忠良的刽子手、卖国贼的下场。

# “九千岁”魏忠贤

宦官,也称太监,是中国古代封建君主专制制度下的特有产物。作为侍奉帝王及其家人的奴仆,他们中绝大多数人都是因身体遭受摧残(宦官必须阉割生殖器)而向社会疯狂报复的心理变态者。人称“九千岁”的明代宦官魏忠贤,就是其中极为突出的一个。

魏忠贤年少时就是河间肃宁(今河北肃宁县)一带有名的无赖,不但嗜酒好赌,且残狠狡黠。据说有一次他与村上一群恶少聚赌,欠了好大一笔赌债。恶少们逼着他在交钱与割下自己的生殖器两者之间做一选择,身无分文的魏忠贤迫于无奈,只好选择了后者。万历十七年(公元1589年),魏忠贤经人引荐入宫当了一名小太监。其后,他一方面竭力巴结逢迎执事太监王安、魏朝等人;另一方面,又与皇长孙(即后来的熹宗)的奶妈客氏勾结,因此在宫中的地位日高一日。至明熹宗继位(公元1621年),目不识丁的魏忠贤竟被破格提升为司礼监秉笔太监兼提督宝和三店。尤其是后来他使用卑鄙手段除去对自己颇有扶掖、拔擢之恩的执事太监王安和魏朝两人，并在宫内训练、武装了近万名太监后，权势更是炙手可热，宫中再也没有一个太监敢违迕他。

明熹宗是历史上有名的昏君，平时极少过问政事，而终日沉溺于斧锯髹漆等杂活之中。居心叵测的魏忠贤一般都是乘熹宗全身心地投入那些事情的时候前去奏事，而熹宗每次总是不耐烦地说："这件事朕已经知道了，卿好自为之。"这无疑为魏忠贤的舞权弄智、矫情枉法大开了方便之门。对熹宗的不问政事和魏忠贤等人的倒行逆施，朝中一些大臣如刑部主事刘宗周、给事中惠世扬、尚书王纪、修撰文震孟和太仆少卿满朝荐等都曾极力予以谏诤和抵制，尤其是左副都御史杨涟，更是列举了魏忠贤擅权弄法、排斥异己、遍植私党等二十四大罪状，要求熹宗予以诛锄。对这些异己势力，阴鸷残忍的魏忠贤总是处心积虑地报以排挤和诛杀。有的虽然已经去任，但魏忠贤还是不放过，非得把他们搞得家破人亡后才甘心。其手下爪牙也争相助纣为虐，顾秉谦、崔呈秀、王绍徽等为了讨好魏忠贤，将不肯听命及与自己有仇隙的臣僚列出名单，名之曰"天鉴录""同志录""点将录"等，进呈魏忠贤。吏部尚书赵南星、左都御史高攀龙、吏部侍郎陈于庭及杨涟、左光斗、魏大中、顾宪成等一大批榜上人物遂一一遭到贬斥、拘押和诛戮。为了威慑群臣，魏忠贤的心腹干将、司礼监太监王体乾更是提议使用廷杖，即用棍棒在宫廷中对不驯服的大臣进行体罚,工部郎中万燝等大批臣僚因此在毒杖下丧生。魏忠贤还利用东厂,实行极恐怖的特务统治。中书吴怀贤看到杨涟抨击魏忠贤的奏章后,禁不住拍手叫好。由于家奴告发,锦衣卫当即把他杀了,还抄没了他的家产。有一个叫武长春的辽阳人,有一次逛妓院时对政局发了一通牢骚,锦衣卫侦悉后,就诬他为辽东间谍,把他抓了起来。就连宁安大长公主的儿子李承恩,也未能幸免于难。老百姓平时闲聊时如偶尔说上几句触犯魏忠贤的话,马上就会遭致杀身之祸,有的甚至被处于剥皮、割舌等酷刑,以致百姓们见面时都不敢打招呼,只能以目示意。

在疯狂诛杀异己的同时,魏忠贤还在宫廷内外遍植私党。宫内有太监王体乾、李朝钦、王朝辅、孙进等三十余人为其奔走效命;外廷文臣有崔呈秀、田吉、吴淳夫、李夔龙、倪文焕五人为其运筹谋划,号称"五虎";武臣则有田尔耕、许显纯、孙云鹤、杨寰、崔应元五人,为其冲锋陷阵,号称"五彪"。此外尚有"十狗""十孩儿""四十孙"等名目。尤其是魏忠贤的姻亲戚友,更是一一不次超擢。其兄魏钊,族叔魏志德,族孙魏希孔、魏希孟、魏希尧、魏希舜,姻戚董芳名、王选、杨六奇、杨祚昌,甥傅应星等,不是任锦衣卫千户、指挥使,就是担任左、右都督及都督同知、佥事等官。侄儿魏良卿更是官至太师、宁国公。就连尚在襁褓中的从子魏良栋和从孙魏鹏翼两人,也分别被加封为太子太保、东安侯和少师、安平伯。由于从中央的内阁、六部至地方的总督、巡抚，各大要津大多掌握在魏忠贤的亲信手中，内外大权遂一归其手。魏忠贤此时的权势，可谓如日中天。

魏忠贤还竭力神化自己的形象。他禁止臣民随便叫他的名字，而只许尊称他为“厂臣”，就连黄立极、施凤来等大学士所拟定的诏书、谕旨，也都不敢直书其名。他还让臣僚交章称颂他的“丰功伟业”，并强令各地为他修建生祠。他那些遍布各地的亲信私党遂争相为其颂德立祠，凡疏词揄扬，一如颂圣，称以“尧天帝德，至圣至神”。立祠则更是极尽奢华，每一祠之费，少者数万，多者数十万。有些无耻之徒为巴结讨好魏忠贤，竟提出应建祠国学西端，以与先圣孔子并尊的建议。对那些表现突出的党徒，魏忠贤就不时以加官进爵作为回报，而对那些怠慢不恭的臣僚，则严惩不贷。蓟州道胡士容因没有具呈建祠颂文，而遵化道耿如杞则是因为入祠不拜，都被魏忠贤投进监狱，并叛了死罪。与此同时，为大逞自己的威风，魏忠贤每年都要几次出宫到各地巡视。每次外出，除一大帮提剑握刀的锦衣卫护侍左右外，还有众多的厨师、信使、优伶、马弁等扈从，多时竟达一万多人。凡其车马所过，士大夫都必须拜伏道旁，且口呼“九千岁”。

天启七年(公元1627年)八月，昏聩庸懦的明熹宗病逝，对魏忠贤等素抱恶感的崇祯皇帝继位。魏忠贤及其党徒遂纷纷自危，大有“落花流水春去也”的伤感。十一月，前往凤阳贬所的魏忠贤听到崇祯皇帝要对自己治罪的消息后，内心极度惶恐不安，遂在阜城上吊自尽。魏忠贤自杀后，崇祯为平息众怒，收揽人心，下诏戮其尸，并将其头颅悬挂在河间府的城楼上示众，同时下令究治逆党。至崇祯二年(公元1629年)，魏忠贤的亲信党徒被贬逐殆尽。

## 趋炎附势的阮大铖

阮大铖是安徽怀宁人，举人出身。其出仕之初，正值魏忠贤的阉党与高攀龙、左光斗等东林党人争斗倾轧极为激烈的时期。希冀沽名钓誉、捞取政治资本的阮大铖看到东林党人在社会上声誉卓著，名动天下，遂附和东林党人的主张，对该党重要人物、同乡左光斗，则更是曲意逢迎，百般讨好，从而骗取了左光斗对他的信任。

明熹宗天启四年(公元1624年)春，吏科给事中出缺，左光斗提议由阮大铖补授，但高攀龙等认为阮大铖其人太过轻躁，主张用魏大中。阮大铖由此对东林党人怨入骨髓，不但上奏章对魏大中大肆攻击和诋毁，还与魏忠贤的亲信党徒霍维华、杨维垣、倪文焕等结为死友，日以排挤、倾陷东林党人为能事。他曾编了一个叫“百官图”的东西，把东林党的一些主要人物以及他所怨恨的人的姓名、官职等汇成一个小册子，呈献给魏忠贤，以作魏忠贤诛锄东林党等异己势力的参考。虽然他因害怕自己成为东林党人群起而攻的靶子，所以未满一月就弃官回家了，但他对东林党人的怨恨却有增无减。他曾不无恶意地对人说："不管怎么说，我终究是安然无恙地回到故里了，我倒要看看左光斗他们最后会有什么好结果。"当他后来听到左光斗、杨涟等人已在监狱被害的消息时，不禁得意忘形，在客人面前对自己的料事如神大大地吹嘘了一番。

阮大铖虽然与魏忠贤阉党狼狈为奸，同恶相济，但他也意识到，自己所依靠的是一座冰山，一旦杲杲日出，就会失去凭借。因此，尽管魏忠贤等把他视为得力的干将，不时以升官进爵加以笼络，但他曾两次弃官回家，而且，还买通了魏忠贤家的看门人，以刺探内情，好在局势发生变化时能够及时应付。魏忠贤伏诛后，他连忙写了两个奏折给死党杨维垣送去，提出把明熹宗执政七年以来的祸害或算在魏忠贤、崔呈秀两人身上，或再找一个东林党作为替罪羊。但作为魏忠贤股肱干将的阮大铖在定逆案时就不可能不受到冲击。虽然他在崇祯元年曾一度出任光禄卿，但旋被削职为民。在崇祯皇帝在位的十七年里，阮大铖一直郁郁不得志。

其后李自成农民起义军进逼安徽，阮大铖逃避南京。看到全国各地农民起义风起云涌的形势，蛰伏了十几年的阮大铖欣欣然以为自己东山再起的时机已经来临，遂蠢蠢欲动，整天聚集一帮人谈兵说剑。正当阮大铖为自己的出山多方奔走之际，复社名士杨廷枢、黄宗羲等因深恶他的为人，作《留都防乱揭》

以揭露他的丑恶。阮大铖大惊失色,不得不闭门谢客,只有其同科举人,因坐罪而被流放到南京的马士英,跟他往来仍很密切。虽然阮大铖的活动不得不有所收敛,但他并不甘心就此罢休,因此又用重金贿赂即将去京城担任首辅的周延儒,想让他替自己谋个一官半职,但其努力却再一次付之东流。

崇祯十七年(公元1644年)三月,李自成起义军攻破京城,崇祯自缢身亡,福王朱由崧在南京建立了南明小朝廷。其时马士英因拥立福王继位有功,被拜任为兵部尚书、太子太师、太保等职,从而掌握了南明小朝廷的实权。阮大铖一方面以马士英为奥援,同时又广交从京师逃难至南京的太监,让他们在福王面前替自己多进美言,终于实现了其东山再起的夙愿,先后被拜任为兵部添注右侍郎、右佥都御史、左侍郎、右副都御史等职。阮大铖再次出山后,丝毫不以长江防守事宜为意,而日以引进凶邪、诛锄异己为务。昔日魏忠贤的爪牙杨维垣、虞廷陛等又一一被委以重职,就连罪大恶极而被崇祯下令处决的人,也全都被追赠、优恤。鉴于朝野上下都以"逆案"攻击自己,阮大铖遂制造"顺案"与之针锋相对,即以东林党、复社中有些人已归附李自成"大顺"政权为言,对他们大施攻击、构陷之能事。顾杲及左光斗的弟弟左光先等遂纷纷被投入监狱,而周镳、雷縯祚等则惨遭杀害。当时阮大铖抓了一个和尚,为达到尽诛东林党及平素与自己不和之人的目的,遂借此兴风作浪,假造十八罗汉、五十三参等名目，上写史可法、高弘图、姜日广等人的姓名，把它塞在和尚的衣袖内。由于马士英对此颇有顾虑，阮大铖大兴冤狱的图谋终于落空。

是年五月，清兵攻陷南京。阮大铖先是逃奔杭州，后又趋避金华。次年，实在是走投无路的阮大铖向清军投降，不久即在随清军进攻仙霞关时不慎摔死。阮大铖曾幸灾乐祸地嘲笑左光斗、杨涟等没有善终，他自己却也是不得好死，这也许就是历史无情的嘲笑！

## 有才无行的钱谦益

钱谦益是明朝末年至清朝初年的人，很有才学，十五岁就能为别人撰写墓志铭。明神宗万历三十八年(公元1610年)他考中进士的时候才二十八岁。他家里有很多书，为了贮藏这些书，他还专门建了一个名叫“绛云楼”的藏书楼。钱谦益很会作诗，又能写文章，他撰写的诗文在当时和后世都很有影响。有《初学集》和《有学集》流传后世。

但此人人品很差，在政治上始终是一个没有定见、没有骨气的政客。在家乡是欺压乡民的土豪，当官时只知争权夺势、排斥异己，晚年又丧失气节，屈膝降清。

钱谦益曾是东林党中的人物。阉党(依附于宦官的官僚集团)阮大铖造《东林点将录》，献给宦官头目魏忠贤，其中就有“天巧星浪子钱谦益”。但他却较早地和宦官有所勾结，所以“浪子”的称号，与他的所作所为倒也相称。

万历三十八年参加殿试后，他以为自己的文章名气已为天下人所知，又沟通了内线，所以，自以为稳取状元。在发榜的前一天，更得到宫中小太监的密报，说他已被内定为状元，于是京中亲友、司礼监太监和其他宫廷权要都派人来贺喜，他高兴得很。谁知第二天发榜，他却是第三名探花，状元是归安人韩敬。原来韩敬的内线比他的硬，所以发榜时便以韩敬换下了钱谦益。这可把他气坏了，从此与韩敬结怨。后来，韩敬做了官，钱谦益曾暗地里捣鬼，使韩敬被革职。韩敬也图谋报复。天启元年(公元1621年)，钱谦益任浙江乡试主考官，韩敬和别人冒用他的名义，出卖关节。一位叫钱千秋的名士用两千两银子买了"一朝平步上青天"的暗号，在每一篇文章的结尾嵌入一字，结果果然考取了。后来此事传出，钱谦益怕别人检举会使自己被动，便赶紧主动向皇帝告发。结果因为他确不知情，只以失察的罪名罚了他三个月的俸禄。

当年钱谦益中探花后，被授予一个翰林院编修的官，后因父丧去职。崇祯元年(公元1628年)，钱谦益又还朝做官，不久升为礼部侍郎。这时，又赶上推选大学士。明代不设宰相，由大学士起草诏令，批答奏章，握有相当于宰相的实权。明代后期的大学士，经大臣们议出候选人，由皇帝圈定。钱谦益是万历三十八年进士，又很有名气，因此很有希望入选。他的劲敌是礼部尚书温体仁和侍郎周延儒。特别是周延儒，此人是万历四十一年(公元1613年)状元，中进士虽比钱谦益晚，但崇祯皇帝对他很器重。于是双方各施权术，开始争斗。周延儒拉拢外戚郑养性和东厂宦官唐之征，而钱谦益则让他的门生瞿式耜向主推官说情。结果进呈给皇帝的提名单上共十一人，钱谦益列第二名，无温体仁和周延儒的提名。周延儒便大造舆论，说这次会推主持者只一二人，并受钱的党羽操纵。温体仁又上“盖世神奸疏”，说他主持浙江乡试时受贿作弊，不应入选。崇祯帝招双方在文华殿对质。温有准备，严词质问，崇祯帝命礼部进呈当年钱千秋的试卷，阅毕责谦益。钱未料到会出此事，言语支吾，结果被革了职，不但没当上大学士，连原官也丢了。

官做不成了，钱只好回到原籍，干起了鱼肉乡民的勾当。崇祯十年(公元 1637 年)，常熟人张汉儒到北京告钱和他的门生瞿式耜的御状，一共给他开列了五十八条罪状，其中有些是控告他横行乡里的。例如钱谦益的家乡有华荡、华汇两个湖，他命人在湖中立桩圈占，桩上书写“礼部右堂钱府”字样。渔民们在他圈占的湖中捕鱼，便要向他纳税。“每年诈银七百余两”，致使“地方切齿，通县公愤”。又如刑部郎中赵元度家中多藏古书古画，钱谦益乘赵元度去世之机，“罄抢四十八橱古画归家”。此外，还告他结党营私，贿赂官府，以致被他所害之人无门控诉。

这时，温体仁当了大学士。张汉儒的状子告到京师，由温体仁主持。温正好借此打击政敌，便将钱、瞿拘捕到京。钱谦益一口咬定汉儒受体仁指使陷害他，又向司礼监太监曹化淳求情，因为钱早年为曹的上司司礼监太监王安作过碑文，所以曹也就答应为他说话。钱又贿赂抚宁侯朱国弼，使朱国弼在崇祯皇帝面前告温体仁欺君误国。结果张汉儒被枷死，温体仁也被罢了官。钱谦益不但没有被告倒，反而利用关系搞掉了政敌。

在政治上，钱谦益很善变。崇祯十七年三月，李自成攻入北京，崇祯帝上吊身亡，南京的文武大臣们为立一个有利于自己的新皇帝而开始勾心斗角。

当时可考虑立为皇帝的，一个是潞王，一个是福王。福王的父亲老福王当年曾被东林党人反对，如立福王，他很可能和东林党人过不去。所以以钱谦益为首的东林党人主张立潞王。南京兵部侍郎吕大器，右都御史张慎言，詹事姜曰广以及雷缜祚、周镳等都和钱谦益意见一致，当时在外督师的兵部尚书史可法也主张立潞王。以阮大铖为首的阉党主张立与东林有怨的福王，并先下手为强，联络凤阳总督马士英和高杰、刘泽清、黄得功、刘良佐等四总兵，将福王迎至南京，立为皇帝。

阮大铖拥立福王后，便罗织罪名，要把东林党人杀尽。他先杀掉了雷缜祚和周镳，致使其余东林党人为保命而东躲西藏。钱谦益一见这番形势，便赶紧向拥立福王的人献媚。他先上疏称颂马士英的功德，于是马士英就举荐他做了礼部尚书。接着，他又向福王上疏替阮大铖说话，使阮升任兵部侍郎。可是阮大铖耿耿旧嫌，仍不肯放过他，在所开列的东林党人名单中还有钱谦益的名字。钱谦益又求马士英保护，正好马士英也不想树敌过多,又对钱谦益有好感,才放过了他。

立潞王也好,立福王也好,都是为了恢复明朝,抵抗清兵。所以不管主张立哪个王,虽然心里各有打算,但大面上还说得过去。到清兵攻平江南,钱谦益的表现就连他自己也无法粉饰了。

清顺治二年(公元 1645 年)四月,清军统帅多铎率军渡过淮河。史可法扼守扬州孤城十昼夜,城破被俘。多铎劝他投降,史可法厉声回答:“吾意早决,城亡与亡。”结果慷慨就义。五月初,清兵抵南京,福王出逃,马士英也挟太后出奔,而以钱谦益为首的一些大臣则向清朝投降。钱谦益亲捧降表入多铎军府,向多铎叩头诉说,以博得多铎的欢心。钱降清后,极力想为清朝立功,以图日后被重用。他派人到苏州贴告示劝百姓归顺,写信给常熟知县曹元芳劝降, 又写信给杭州那个没有当成皇帝的潞王,劝他归顺清廷。钱谦益满以为他招降如此卖力,自己名声又大,清廷必委之高官,便赶到北京听封。等了半年多,才被任为礼部侍郎管秘书院事、修明史副总裁。过了半年,又被革职回籍。空落了降臣的丑名,什么也没捞到。于是,他又翻回来同明朝残余势力联络,想万一日后明朝恢复,还可在明做官。此事被人告发,清廷将他捉来审问,只是他咬住口不承认,才被放了出来。钱谦益这样反反复复,很为当时人所耻笑。传说有一天他去游苏州名胜虎丘,穿了一件小领大袖的衣服。小领窄袖是满族人的服装,明代人的衣服是宽领大袖。有人见他穿得不伦不类,便问他道："你这衣服是什么式样？"这一问使他很尴尬，只好说："小领遵时王之制，大袖乃不忘先朝。"这人连忙一本正经地说："失敬失敬，原来您是两朝领袖啊。"

钱谦益本为明朝大臣，但他既然投降了清朝，所以《明史》没有为他立传。清统治者也看不起明代降臣，专为这些人立了《贰臣传》，意思是说他们曾是明、清两朝君主的大臣。乾隆皇帝又认为应将钱谦益同曾与清军力战，降清后又有战功的洪承畴等人加以区别，所以下令将他归入《贰臣传》乙编，列为二等降臣，并把他的著作毁版。反复无常、行为可耻的钱谦益终于由历史为他做了定论。

## 诡诈作伪的是镜

在《儒林外史》中，作者曾塑造了一个鲜明而突出的反面人物形象，那就是诡诈作伪的假名士、伪道学权勿用。作者所给予人物的权姓是隐寓着权变诈伪的含义，“勿用”二字是采用《易经》中“潜龙勿用”的语意形容人物的隐士外貌，“权勿用”就是用权变诈伪的手段去盗名窃誉的寓意。据不少人的意见，这个人物的原型就是历经康熙、雍正、乾隆三朝以假道学外貌去猎取名誉的伪君子是镜。他是屡试不第又不甘寂寞的丑角，一方面诡诈作伪，一方面又道貌岸然，但丑恶的行径又不时被揭露，终于成为不齿于士林的无耻之徒。

是镜自命是康乾盛世的所谓“理学家”，大谈性命圣道，广聚门徒，同时又蝇营狗苟向达官贵人暗送秋波，希望别人登门征聘。由于他有一套诈伪骗人的伎俩，所以还有不少信徒。其中有一位弟子名叫张敬立，为崇敬老师，特别编写了《是仲明先生年谱》。从中知道是镜原名是铸，字仲明，号诚斋，人称舜山先生，江苏武进人，生于康熙三十二年，死于乾隆三十四年，得年七十七岁。这本年谱中还记载了是镜如何读书并讲求性理之学,如何为父母办丧守墓,别人如何赞扬他,把是镜写成俨然是一个“醇儒”。但剥去他的伪装,实际又并非如此,与是镜同时略后的阮葵生所撰《茶余客话》是清代一本著名的掌故笔记,所记多信而有征,其卷八有“是镜之诈伪”一条专门揭露是镜的诈伪丑态,可谓淋漓尽致。

是镜利用道学家道貌岸然的外表曾经蒙骗过不少人,甚至还有某些高层人物,雍正、乾隆时的大学士陈元龙和高斌都曾被是镜的假道学所迷惑而推重他。乾隆十二年时,另一位理学家尹会一督学江苏,临出京时,陈元龙和高斌二人还主动地向尹会一推荐是镜的“学行”,所以,当尹会一到任后就专程到是镜家拜望,和是镜结布衣之交。是镜受到当地教育长官如此优渥的待遇,不禁大喜过望,要紧紧抓住这一可作诈伪资本的机遇,于是建立书院,广收生徒,并和当地主要官员频繁交际,冠盖来往络绎不绝。一些地方官员因是镜有朝廷大员推荐,省内官员的拜访,一定大有来历,对自己日后前程也有好处,也纷纷和他结交,如常州知府黄永年也震于他的虚名而表示亲近,还写赞扬他的文字。是镜由于陈元龙、高斌、尹会一和黄永年等四位从中央到地方的官员的声势,而获得拉大旗作虎皮的利益,所以十分感激这四位恩主,便在家中单独设置一间房子,供奉了陈、高、尹、黄四人的牌位,像对自己祖宗父母那样敬重礼拜。

不久，著名学者雷铉到江苏督学，有人又推荐是镜。雷铉是当时很有见识的一位著名学者，他不为浮言所动，没有亲自去探访这样一个盗名窃誉的伪君子，而是写信命是镜来接受考察。是镜不去应命，反而请本县学官转达他的要求，希望雷铉也像尹会一那样亲自去是镜的住所会面以抬高自己的身价。雷铉明白是镜的用心便笑着说："我知道是先生不会来。我可以去会见是先生，但担心是先生在陈、高、尹、黄四块牌位之外，又增一人，所以我不能去。"雷铉的一席话像一把利剑毫不留情地戳穿了是镜的诡诈面目。

是镜的住处距离闹市有几里，比较僻静，进市时要绕远道而行，如走小路跳沟过去可以省一段路程。平日是镜总是绕道走大路，表示自己"行不由径"。有一天从市内回家，路上遇雨，恰好已经走到沟旁，于是丢掉矜持作态，向四周环顾一下无人，便一跃而过，不料被一旁避雨的小孩看到。这个小孩是是镜的邻居，认识是镜，因是镜平日道貌岸然，有板有眼，而今日竟然撩起衣服跳沟，感到十分惊讶，不禁问道："是先生也跳沟吗？"是镜万万没有想到有个小孩在周围，怕小孩把自己的失态声张出去有损自己道学家的形象，赶快给小孩一把铜钱，并嘱咐小孩不要乱说所见的情况。小孩回家后被父亲发现有一把铜钱，便严加责问钱的来源，小孩只得把眼见是镜跳沟被自己见到和是镜用铜钱收买自己的情况如实说明，小孩的父亲非常愤恨是镜的卑鄙，就把是镜的失态告诉了乡人，于是人们争相传说“是先生跳沟”的笑话。是镜欲盖弥彰，暴露出自己的卑鄙，而小孩的“是先生也跳沟吗”也是戳到痛处的绝妙问语。

是镜四十多岁的时候，父母相继逝去，他为标榜自己的孝行，在山上草庐守墓，不久，借口草庐不足蔽风雨，由门人为其修成正式房屋，在山上过隐士生活，但又不甘寂寞，便招人讲学。这些名实不符的行为引起人们的种种揣测，甚至当时不太讲究礼法的文人袁枚竟写信加以指责，认为庐墓、隐居、讲学三件事集于一身不合情理，庐墓合乎孝道，隐居近乎高洁，但为何又广通声气地讲学，希望人们知道自己呢？因此，是镜这些矫揉造作的行为是一种作伪妄行。是镜害怕舆论指摘，又恳求常州知府黄永年为他写一篇《墓庐记》来加以美化。黄永年无奈而撰文，但又巧妙地在文章中揭露是镜的作伪。文中婉转写了是镜在墓旁建屋，与官僚交往，想在人间表现自己学识的种种作伪手段，最后点明这篇文章之写作是因为“君(是镜)嘱记，屡请未已也”，一语点破是镜乞求在位者粉饰自己伪行的丑态。

是镜不仅为社会上的人们所指摘，就连他的亲人也憎恶他的丑行。他的胞弟曾经正式向常州知府控告他罪状三十余条，主要内容都是些暴寡凌弱的劣迹，与《儒林外史》中权勿用被人告发奸拐霸占尼姑在家的恶行大体相类。常州知府宋楚望查实后就没收了是镜的房产作为书院；同时把常州另一劣僧的巨额财富也没收充公作为书院资助读书人生活的膏火费。宋知府还把是镜和劣僧的罪行写在一告示上张贴，把假道学的伪装彻底剥落。是镜的声败名裂，自是罪有应得，而宋知府没收不义之财来振兴教育，确是善政。

是镜的无耻行径，不外三点：一是造成隐居讲学的假象，迷惑群众，造成一种可望而不可即的名望；二是为父母守墓，来表示自己符合儒家伦理纲常中的孝道，树立自己道学家的形象；三是在前者基础上招徕达官贵人的青睐，进一步抬高自己，以谋求内心十分向往的功名利禄。但是，他欺世盗名的种种手段一一被戳穿，留给后世的只是诡诈作伪的无耻骂名！

# 白河辱国的琦善

19世纪30年代以来，英国侵略者利用鸦片毒害中国人民和掠夺茶丝财富，终于以炮舰政策在广州地区进行武装进攻，遭到近代民族英雄林则徐的抗击而未能得逞；但是，英国侵略者并未因受挫而停止侵略，他们沿海北上，抵达白河口，向清廷投书，威逼恫吓。未见世面的清廷怯懦畏缩，而一些投降派又从中兴风作浪，便在白河口接受投书，诿罪于抗英有功的林则徐，并盛宴接待，结果还受到无礼的凌辱，给中国近代历史添写了一笔屈辱的历史。白河辱国的罪魁便是朝廷中投降派的主要成员琦善。

琦善，姓博尔济吉特氏，字静庵，满洲正黄旗人。嘉庆二十四年任河南巡抚；次年，因河南地段的黄河水利工程督修失败而被褫职。查办这次黄河水利工程弊端的正是当时已任江南通监察御史的林则徐。这是林则徐和琦善的第一次交锋，最后因罪证俱在，琦善难逃罪责而丢官。

道光十七年初，林则徐被任命为湖广总督，离京赴任路过保定时，当时任直隶总督的琦善因为彼此是兄弟省区的同僚而不得不率领手下各官出城迎接。这是林则徐与琦善的第二次正式交往。虽然双方进行了两次长谈，可能并不能取得一致，所以勤于写日记的林则徐只记其事，而没有具体内容。

道光十九年和二十年，英国侵略者在广州地区连续遭到认真设防的林则徐的抗击而失败，于是有英舰七只沿海北上，在道光二十年七月中旬抵达大沽。时任直隶总督的琦善不仅接受了英国索取权利的文书，并于七月十六日派人馈送大量的牛羊食物以取媚于侵略者。十八日，琦善派代表千总白含章到英舰去接受屈辱性的条款信件。这些条款包括赔烟款、割岛屿、赔军费等等要求，可以说它是中国近代第一个不平等条约——《中英南京条约》的最初框架内容。琦善在上报这些条款的奏折中，极力夸张英军的实力来助长道光帝的投降意向。果然，这个软弱的道光皇帝担心战火发生在自己大门口而影响皇帝宝座，不仅斥责林则徐的“措置失当”，表示要“查办”，希望用林则徐作替罪羊，赶快打发英舰南下，而且正式派琦善去广州办理使侵略者满足的具体事务。

英国侵略者见到道光帝已动摇、妥协，琦善已一心一意投降媚外，便表示可以在八月初四安排一次会谈。琦善为了博得侵略军的欢心，在会议的前一天，特别派船运粮食和副食——包括二十头阉牛、二百只羊和许多鸡鸭以及一千个鸡蛋。这些取媚活动并没有获取好感。第二天，在大沽口南岸搭起两座帐篷进行为期三天的会谈。琦善带领手下人员畏畏缩缩、诚惶诚恐地进入会场，而英军统帅懿律则派义律鼓号齐鸣地率领部下昂首腆胸地到会。在长达六小时的会谈中，义律嬉笑怒骂，英军舞枪飞刀，琦善非但不敢抗议，而且还奴才相十足地备受戏弄，还一再向英方表示要严惩林则徐，希望英方提出条件。这样“隐忍受辱”的会议自然使英方满意。这便是中国近代史开端时期“白河受辱”的可耻一幕。八月二十日，英军在窥伺了渤海湾的海防实力和得到琦善将去广州面商条件的许诺后，便南下。

英舰离去大沽口，使道光帝如释重负。他深信琦善的外交才能，片言寸纸，可胜十万之师，如果再惩办林则徐、邓廷桢，为侵略者出了气，一切都将烟消云散，恢复天朝海内晏然的太平景象。九月初三日，清政府以林则徐、邓廷桢“办理不善”的罪名，严加议处，并派琦善出任两广总督。但是，事与愿违，惩办林、邓不仅人民反对，连英国侵略军的头目之一伯麦都拒绝清朝官员的祝贺而说：“林公自是中国好总督，有血性，有才气。”这不啻是对清廷的媚外行为掴了一记响亮的耳光。

琦善奉派出任两广总督，并以钦差大臣的身份来查办林则徐的禁烟问题。道光二十年十一月十一日，琦善志得意满地到广东就任，独断专行，一意投降，排斥其他地方官员，一反林则徐的所为,力求为英国侵略者“代伸冤抑”。他追查抗英将士的“罪责”,解散招募的壮勇,撤除海防设备,屡次与义律在虎门会面,磋商辱国条件。任用与英国鸦片贩子颠地暗中勾结的鲍鹏充信使。当时有人检举为敌人充当汉奸刺探消息的,琦善就斥责检举人说:“你就是汉奸。”有人探听到英国侵略军情况来上报的,琦善拒不听取,并声称:“我不像林则徐那样,以天朝大臣去刺探外洋情事。”于是一切力反林则徐在广东的正当措施与设置。他自认为这样便会得到外洋的欢心,实则造成人心分离、军心涣散,给英国侵略者以可乘之隙。英国侵略者得寸进尺,不仅随意派兵船进入省河窥探虚实,进行挑衅,而且还提出赔款割地等等无理要求,已经完全堕落到投降卖国深渊的琦善,惧外媚外,有求必应,不仅向道光帝夸大英方“船坚炮利”的威力,散布失败情绪,威胁清廷,而且还代英人请求割取香港,并建议动用闽海关税款来偿还英方。这种屈膝媚外,罪等通敌,大大地触动了道光皇帝。道光皇帝原以为诿罪于林则徐一人,就可以消弭事件,抚慰侵略者,现在深感到事情远非自己所想象。英国侵略者的这些要求将会打破封建帝国的大门,破坏了威严的天朝体制,于是又转向强硬,调兵遣将,要“相机剿办”。可惜,时机已晚,英国侵略军因为没有很快满足自己的贪欲,于道光二十年十二月十五日悍然挑起对二角炮台的进犯。守将陈连陛奋起抗击,终因在琦善投降路线影响下,遭致失败,陈氏父子英勇死难。这连当时号称保守的江苏巡抚浩谦在他的奏折中分析二角败绩的罪责时也认为就在琦善的“遣散兵勇”,自己毁灭了可资运用的民力,而琦善却反而仍旧一贯地为敌张目,说中国军备废弛已久,而英方则兵械精良,根本无法抵抗,甚至别有用心地诿罪于林则徐没有搞好战备。

琦善不但没有因二角炮台陷落而亡羊补牢,加强战备,仍然一意媚外,于道光二十一年正月初三由省城出发去狮子洋边的莲花城欢宴义律商谈条款。英国侵略军并不领琦善的盛情,次日即派兵占领香港来夺取谈判的优势。正月初五日,琦善率领广州知府余保纯等人在莲花城会晤义律。义律率领军官十八人、翻译两人以及法国人三人,随带士兵五十余人、乐队十六人,吹吹打打地到会。琦善预备了满汉全席四桌宴请义律等军工,并犒劳士兵羊酒熟食,尽欢而散。宴后,义律又与琦善密议,琦善答应了赔款,并约定二十日再次会见。正月二十日会谈中,义律又要求割让香港,未能满足。二十八日,琦善派鲍鹏通知义律答应割让香港,而英军已在积极准备进攻虎门,鲍鹏仓皇而回。

正在琦善积极进行投降辱国活动的时候,清廷已因二角炮台的失守,于正月初五日,将琦善交部议处,并从各地增派兵将赴粤,正式向英国宣战。但是,远水难解近渴,英国侵略军又继续进攻虎门炮台,守将水师提督关天培奋力抵抗,并要求增援。当时滞留在省城的林则徐和邓廷桢也出面敦促琦善出兵赴援,但都遭到拒绝。由于琦善制造失败，虎门将士尽两昼夜血战，终于壮烈牺牲。虎门炮台陷落，英舰长驱直入，直闯内河，局势已至不可收拾的局面。不仅人民愤慨不平，许多封疆大吏也都群起指责，林则徐十分悲痛地在他对关天培所写挽联中发出“问何人忽坏长城”的指控。广东巡抚怡良、江苏巡抚裕谦等人都纷纷上奏揭发琦善卖国畏葸的罪行，所以，清廷不得已才治琦善罪。

道光二十一年二月二十日，琦善被“革职锁拿”押解入京，并“抄产入官”。琦善被抄入官的家产为数甚巨，当时有多种著作记载其事，其中有一种记载说：

“琦善入官元宝银一千四百三十八个，散碎银四万六千九百二十两。”

“琦善入官地二百五十二顷十七亩，每年可收租银二千两，铺面房间每月收钱九百六十二吊二百零，银五十一两。”

当然，琦善的实际家产绝不仅止此数。从这种奉命抄产的官样文章所见数字已可证其贪污营私的劣迹了。就是这样一个贪污卖国的无耻之徒不几年又得到起用，冠带袍笏、恬不知耻地又重新登上政治舞台。

# 卖国太后慈禧

1861年8月,清咸丰帝病死在承德。他在遗诏中命令独生子载淳继承皇位,并任命了八个赞襄政务王大臣主持朝政。11月初,载淳的生母慈禧在北京发动政变,否认咸丰的遗嘱,将八大臣或处死或革职,实行垂帘听政,控制清廷最高权力达四十八年之久,干尽了祸国殃民的勾当。

慈禧上台的时候,长江流域有轰轰烈烈的太平天国农民起义,在山东、安徽等地活动的捻军也对清朝统治形成威胁。慈禧决定先镇压太平天国革命运动。

在同太平天国作战的过程中,清朝的正规军不是太平天国农民军的对手,常吃败仗。曾国藩的湘军倒是清廷的得力鹰犬。咸丰帝时,慈禧就曾建议重用曾国藩。此时湘军实力更强,慈禧对曾国藩也更加倚重了。她任命曾国藩为两江总督,统辖江苏、安徽、江西三省,并兼管浙江军务。慈禧觉得单靠曾国藩等人还不够,于是又向外国侵略者求助,请他们帮助镇压太平天国。

慈禧发动政变准备上台时,就已经表示要和列强修好。她给八大臣罗列的罪状之一,就是说他们“不能尽心和议”。她搞政变的主要支持者之一,就是能够同侵略者“尽心和议”的恭亲王奕䜣。慈禧和奕䜣上台,外国侵略者非常满意。1862 年 3 月,英国驻华公使普鲁斯在致英外交大臣罗素的信中说:“在过去十二个月中,造成了一个倾心于并相信(同外国)友好交往可能性的派别,有效地帮助这一派人掌权,这是一个非同小可的成就。(我们)在北京建立了令人满意的关系,在某种程度上已成为这个政权的顾问。”

1862 年 2 月,慈禧控制的清政府决意求助于外国军队来镇压太平天国,宣布东南地方官可以“借师助剿”,中央“不为遥制”。并表示对洋兵“必须酬谢”,“以资联络”。曾国藩也说:“目下情势,舍借助洋兵,亦实别无良策。”这样,清政府就同外国侵略者公开勾结起来了。

当时在上海一带,有个美国流氓华尔,他招募了一些外国人,组成了一支洋枪队,攻打太平军。华尔镇压太平天国非常卖力,慈禧特地赏给他三品顶戴以示奖励。后来,华尔被太平军击毙,慈禧很是惋惜,竟下令为这个屠杀中国人民的刽子手建立祠堂。

1864 年,太平天国终于在中外反动势力的联合镇压下失败了。接着,慈禧又依靠用洋枪洋炮装备起来的李鸿章的淮军镇压了捻军起义。

1874年，慈禧的儿子同治帝载淳死去。慈禧立当时只有四岁的载湉为皇帝，这就是光绪帝。载湉和载淳同辈，慈禧再次以皇太后的身份垂帘听政。1889年，光绪帝已年满十九岁，慈禧不得不宣布“归政”。实际上，光绪帝在许多事上还得请示慈禧，“归政”只不过是一句空话。光绪对慈禧专权很不满意，他想摆脱控制，并想使清王朝强盛起来，这意味着向慈禧夺回权力。慈禧为了保住她的地位，便极力维护外国侵略者在中国的利益，以换取列强对她的支持。

沙俄曾凭借武力，强迫清政府签订不平等条约，侵占了我国大片领土。慈禧当政以后，沙俄又陆续侵占了我国数十万平方千米的领土。慈禧对沙俄的侵略一味退让。

1884年，爆发了中法战争。清廷内有人主张抵抗，有人主张妥协。妥协派以李鸿章为代表，慈禧处处为他撑腰，压制抵抗派。1885年，爱国将领冯子材在广西边境大败法军，取得镇南关大捷。法国茹费理内阁因法军大败而倒台。就在中国军队在前线取得胜利的时候，慈禧却下令停战撤兵。前线官兵接到这样的命令，非常气愤，继续向法军进攻。慈禧又多次下令撤兵，并派李鸿章同法国签订了丧权辱国的《中法条约》。她这种卖国行为，连法国侵略者都感到惊讶。

1894年，中日甲午战争正在紧张进行，慈禧却大肆为自己祝寿。她挪用国家军费来修颐和园，从紫禁城到颐和园沿路搭起彩棚，在里面演戏、奏乐。当时有人上书要求停修颐和园，增加军费。慈禧的回答是："谁叫我今天不痛快，我叫他一辈子不痛快！"11 月 7 日慈禧六十岁生日那天，祝寿活动达到高潮。慈禧升殿受贺，还下令连续演三天戏。就在这一天，日军侵占我国大连。1895 年，慈禧派李鸿章去日本签订了丧权辱国的《马关条约》。这个条约规定中国给日本巨额赔款，还把台湾割让给了日本。当时北京的墙上出现了一副揭露慈禧卖国的对联："万寿无疆，普天同庆；三军败绩，割地求和。"还有人把庆寿贺词中的"一人有庆，万寿无疆"两句，改成"一人庆有，万寿疆无"，表达了人民对卖国贼慈禧的憎恨。

1895 年，资产阶级改良派的代表康有为在北京联合参加考试的各省举人一千三百多人，上书光绪帝，反对同日本议和，要求维新变法，光绪也想利用改良派实行变法，借机把权力从慈禧手中夺过来，同时也能使国家强盛。1896 年 6 月 11 日，光绪发布变法诏书，接着又发布了几十道诏谕，并任用康有为、梁启超、谭嗣同等人，打算在中国搞资本主义。对这种变法活动，慈禧当然不能坐视。9 月 21 日，她又一次发动政变，囚禁了光绪帝，下令逮捕和杀害了改良派人士。变法期间实行的各种新政均被撤消。这场变法活动就这样被慈禧扼杀了。

1900 年，义和团运动爆发，帝国主义的八国联军乘机攻占北京。慈禧慌忙逃往西安。半路上，他用光绪的名义发布上谕，说外国入侵是因为义和团招惹了他们，表示要同八国联军一起镇压义和团。又派李鸿章去跟外国议和。1900年底，侵略者提出十二条“议和大纲”，条件非常苛刻。慈禧竟说“所有十二条大纲，应即照允”，又说要“量中华之物力，结与国之欢心”，卖国贼的面孔暴露无余。1901年9月，清政府同外国侵略者签订了《辛丑条约》，规定中国赔款四亿五千万两白银，分三十九年还清，连本带息共九亿八千二百多万两。慈禧用人民的钱财换来了列强对她继续统治中国的承认。此后，以慈禧为首的清政府成了“洋人的朝廷”。

八国联军侵华期间，沙俄单独出兵侵占了我国东三省。1902年，沙俄同清政府签订条约，将东北俄军分期撤回。第二年，沙俄毁约，拒不撤兵。我国留日学生和国内一些地方的爱国人士掀起了拒俄运动。慈禧生怕拒俄运动会得罪洋人，说拒俄运动“有碍邦交”，是“反叛朝廷”，要把这些人捉起来“就地正法”。1904年，日本和俄国为争夺我国东北，在我国领土上大打出手，在东北残杀我国人民。慈禧却说这两个国家都是“友邦”，清政府要严守“中立”，完全是一副帝国主义代理人的面目。

1908年11月15日，慈禧一命呜呼，到死前仍掌握着清廷的大权。在她统治中国近半个世纪的时间里，帝国主义国家同中国签订了一个又一个的不平等条约。中国割地赔款，完全沦入半封建半殖民地的深渊，慈禧则是卖国投降的清政府的总代表。

# 后　记

书终于脱稿了。这其间包含着若干辛劳，但是，这一奉献如果使海内外的青少年通过阅读能从一个侧面比较深切地了解中华文化的壮美、博大和渊深，那将使我得到莫大的欣慰。

由于写作时间紧迫，题材确定反复，而我的公私事务又较繁忙，所以不得不约一些青年朋友来给我帮助。他们在搜集资料、编写草稿等等方面都尽了自己的努力，大大地减少了我的写作琐务，加速了成书进程。他们不计较我的刀伐斧砍，也不挑剔我的疾言厉色。这是一次非常和谐与愉快的协作。我应当感谢他们在弘扬传统文化优良内容方面所尽的职责。

我感谢参加编写的青年朋友陈德弟、莫建来、徐健、刘小军四位同志。

这本书各篇题目的选定、体例的规划和文字的删定统由我负责。有不当和失误处请读者对我提出批评。

来新夏

2013年3月19日